안나

펼쳤다 접는 부채의 이미지에 매료되어 부채꼴 스펙트럼 속 개별 주제들을 하나로 엮어내는 방법을 궁리해왔다. '행복한 남극 월동 디자인'을 제안하고 실제로 세종과학기지 28차 월동대 생물연구원으로 남극에 다녀왔다.
이화여자대학교에서 생명과학과 철학을 공부하고 서울대학교 융합과학기술대학원에서 지능형융합시스템학을 전공했다. 서울대학교 동물실험윤리위원회에서 2년간 간사로 근무한 뒤 서울대학교 수의학과 박사과정에 진학했다. 학위 취득 후 여러 대학을 거쳐 현재 서울디지털대학교 교양학부 객원교수로 근무 중이다.

디자인 정호연

동물과 인간

박재학
노상호
안나

토일렛프레스

감사의 말씀

1. 본 도서의 내용 중 많은 부분은 수의사 전문 신문 '데일리 개원(The Daily Gaewon)'에 2014년부터 수록된 필자의 기고문을 정리 및 편집한 것입니다. 도서 출간을 위해 관련 내용의 기재를 허락해준 '데일리 개원' 관계자 여러분들께 이 지면을 빌어 깊은 감사의 말씀을 드립니다.
2. 초판의 편집자 정재우(전 토일렛프레스 대표)에게 감사의 말씀을 드립니다.

동물과 인간

박재학·노상호·안나

동물과 인간

초판 1쇄   2020년 4월 15일
개정판 1쇄   2025년 9월 1일

지은이   박재학 노상호 안나
편집인   안나
펴낸이   안나
디자인   정호연
펴낸곳   토일렛프레스
주소   서울특별시 종로구 평창동 37, 동림 B동 301호 (03011)
홈페이지   https://toiletpress.com
전자우편   ceo@toiletpress.com

ISBN   979-11-994001-0-8   03520

값   25,000원

- 파본이나 잘못된 책은 구입처에서 바꿔드립니다.
- 본 도서에 게재된 콘텐츠의 무단 사용을 금합니다.

목차

들어가며	13
요약 : 동물과 인간이 공존하기 위한 길은?	15

I. 동물은 무엇을 원하는가?

1 '인간은 털이 없는 나충(倮蟲)일 뿐이다'	22
2 동물에 대한 이중적 시각	26
1) 동물에 대한 배려	27
2) 동물의 도덕적 지위	29
3) 동물에 대한 갈등을 마주하는 사람들의 마음	31
3 동양사상에서의 동물에 대한 시각	32
4 동물에 대한 '불인지심'	44
1) 사냥과 축산은 사람들이 살아가는데에 필요하다	45
2) 잔인하다는 것	49
3) 동물에게 잔인한 행동을 하는 사람은 사람에게도 그러할까?	50
4) 맹자의 불인지심	54

**5 동물을 식용과 실험용으로 이용하면서 생기는
   잔인한 마음을 어떻게 다스려야 하는가?**   58

  A. 동물을 이용하는 사람들이
     자신의 정서를 다스리는 방법   59

    1) 동물을 물체화 한다   59

    2) 동물의 영혼에 대하여 의식을 치른다   59

    3) 동물에 대한 잔인한 행위를 보거나
       듣지 못하도록 격리한다   63

  B. 동물의 고통을 덜어주며
     동물이 누릴 수 있는 복지를 고려한다   66

    1) 동물의 고통을 대하는 태도   66

    2) 동물에게 감정과 인지능력이 있다는 것을
       어떻게 입증할 것인가?   69

    3) 동물들도 때로는 행복해할까   76

    4) 동물은 도덕심을 갖고 있는가?   79

  C. 동물복지의 실현   84

    1) 동물의 복지상태를 평가하는 방법   85

    2) 동물들의 이상 행동   94

    3) 환경 풍부화   99

    4) 동물의 권리를 주장한다   107

    5) 의인화   107

II. 동물복지, 무엇이 문제인가?

1 동물복지 정책   112
     1) 최근의 경향   113
     2) 동물보호법   116
     3) 제2차 동물복지 5개년 종합계획   118
     4) 동물보호 실태조사   120

2 반려동물   122
     1) 반려견이 주인의 생명을 구한다   123
     2) 상가지구(喪家之狗), 유실견, 유기견   125
     3) 유기동물 대책   127
     4) 유기동물 안락사   130
     5) 동물의 살처분   132
     6) 가축의 사료가 된 유기견의 운명   136
     7) 개 식용 문제   139
     8) 실험용 반려동물   154
     9) 반려동물의 개체 식별   156
     10) 반려동물의 근친교배와 근교퇴화   160
     11) 반려동물과의 이별: 코코와 꼬마 이야기   162

3 농장동물   170
     1) 집단 사육 농장동물의 전염병   171
     2) 위기의 한국 축산   173
     3) 농장동물의 복지   174
     4) 농장동물의 수의료 서비스   178

III. 실험동물

1 동물실험 184
1) 필요한 동물실험, 불필요한 동물실험 185
2) 동물실험 결과의 왜곡 188

2 모든 동물실험은 해도 되는가? 192
1) 인간-돼지 키메라 193
2) 수의임상시험센터 197

3 실험동물의 고통은 누가 구제해줄 것인가? 200
1) 생어 연구소의 동물실험시설 폐쇄 201
2) 불필요한 동물실험은 줄여야 204
3) 윤리적인 동물실험을 위해서는? 207
4) 동물실험윤리위원회의 역할 210
5) 실험동물시설의 시설전임수의사 213
6) 실험동물의 입양 217

4 동물실험의 대안 220
1) 동물실험의 대안과 3R 221
2) 동물실험 대체의 대표적인 예 222
3) 동물실험 대체법의 종류 223
4) 실험동물로써의 제브라피쉬 228
5) 동물실험대안의 미래 232

IV. 동물복지에 대한 제언

1 안자(晏子)의 간언   236

2 權道(권도)   240

3 차마 하지 못하는 마음(不忍之心)   244

4 추기급인(推己及人)   248

5 동물복지는 이상일 뿐인가?   252

V. 일터에서 동물과 함께 하는 사람들

1 동물과 함께 하는 사람의 복지도 중요하다.   258

2 일터에서 동물을 마주하는 사람들의 직업적 스트레스   262

3 동정피로와 직무 스트레스를 해소하기 위한 프로그램   266

4 프로그램의 효과적 실행을 위한 조건   272

참고문헌   276

들어가며

동물을 좋아하는 마음에서 수의학을 선택하게 되었고, 의학연구에 관련이 많은 실험동물학과 독성병리학을 전공으로 그 동안 살아왔다. 돌이켜보건대, 학부 시절에 해부학으로 희생된 동물로부터 임상실습에 실험용으로 제공된 동물, 그리고 대학원 입학 후부터 연구자의 길로 들어서면서 동물실험과 병리해부과정에서 빼앗은 수많은 동물의 생명을 생각해보면, 육식을 하지 않거나 동물실험 대체법과 동물복지를 주창하는 것만으로는 그 빚을 갚기에 모자란다. 사람은 진 빚을 갚아야 한다. 남을 가혹하게 대하면 자기 자신도 남으로부터 가혹하게 대우 받는다. 남에게 잔인한 행동을 하면 자신도 잔인한 일을 당한다. 더욱 적극적인 동물보호 활동을 통하여 동물과 공존하며 살 수 있는 길을 모색하는 것이 그나마 조금이라도 빚을 갚는 길이라고 생각한다.

그 동안 사람들은 동물을 생존에서뿐만 아니라 오락에까지 이용해왔고, 그러한 생활습관과 문화는 지역에 따라 큰 차이를 보이게 되었다. 지금 바로 육식을 하지 않고, 동물실험을 중지하며, 소위 위해야생동물危害野生動物을 죽이지 않고 공존할 수 있는 문제들을 해결하기에는, 풀어야 할 난제들이 많이 남아 있다.

지금부터 당장 동물을 이용하지 않고 공존하면서 살 수 있는 방법을 찾기는 어렵다. 그러나 우리사회에 동물에 대한 다양한 시각이 존재하고 있으며 동물에 대한 배려심이 커지고 있는 것을 보면, 동물과의 공존은 분명 희망이 있다고 생각된다. 동물과 인간의 공존에 있어서의 걸림돌이 무엇인지 찾아내고 그 문제점을 잘 이해한다면, 해답은 바로 가까이에서 찾을 수도 있을 것이다.

2020년 3월 31일
저자 대표 박재학

요약 : 동물과 인간이 공존하기 위한 길은?

검은색으로 칠해진 술잔의 그림만 보고 있으면 흰 바탕에 그려진 사람의 얼굴은 보이지 않는다. 반대로 흰색의 바탕만 보면 사람의 얼굴은 보이지만 검은색의 술잔이 보이지 않는다. 사물에 대한 이러한 사람들의 이중적 시각은 동물에 대해서도 적용된다. 사랑하는 강아지를 위하여 돼지고기로 만든 베이컨을 주며 돼지는 동물이 아닌 고기라고 생각한다. 영화「꼬마 돼지 베이브」(1995)에서 주인공 '베이브'는 일반 돼지보다 똑똑하여 양치기 훈련을 받고 전국 양몰이 대회에서 우승을 차지하게 된다. 강아지를 기르는 사람이 이 영화를 본다면 베이브도 죽어서 돼지고기가 된다고 생각할까?

동물에 대한 이러한 일관성 없는 이중적 시각을 대부분의 사람들은 인지하지 못하며, 알고자 노력하지도 않는다. 동물과 인간의 관계를 이야기하자고 하면, 오히려 인간관계만 생각하기도 힘든데 동물까지 생각할 여유가 없다고 하며 동물은 단지 이용의 대상이라고 주장하는 사람도 있다. 그러나 다른 한편에서는, 동물은 일방적으로 착취당하고 있을 뿐이며, 동물도 감정이 있고 침팬지와 같이 자기인식을 할 줄 아는 동물도 있다고 생각하면서, 고기와 가죽, 알 등을 더이상 이용하지 않으려고 한다. 그리고 살아있는 동물을 이용하여 연구하는 잔혹한 동물실험도 당장 그만둘 것을 요구한다. 사람들 사이에서 보이는 이와 같은 갈등요인은 한 사람의 내면에서도 일어나고 있어서, 돼지고기를 먹으면서 돼지 '베이브'는 개보다 더 영리하기 때문에 돼지고기가 될 수 없다고 생각하는 경우도 있다.

동물과 인간의 관계에 대한 이러한 이중적 시각은 최근에 나타난 현상이 아니니다. 중국 춘추시대의 안자晏子에 대한 기록 중 다음과 같은 이야기가 있다.

> 경공의 사냥개가 죽자, 경공이 개에게 관을 마련해서 제사를 지내주도록 하였다. 안자가 간언하자 경공이 말하기를, "그저 좌우 신하들과 웃자고 하는 것입니다"라

> 고 하였다. 그러자 안자가 말하기를, "세금을 거두어 백성에게 되돌려주지 않으면서 좌우 신하들을 웃게 하시다니요. 불쌍한 사람들이 굶주리는데 죽은 개에게 관을 쓰고 제사를 지내면 틀림없이 임금님을 원망할 것이고 제후들이 듣는다면 우리나라를 경시할 것입니다."라고 하였다. 그러자 경공이 바로 주방장에게 개를 요리하게 하여 조정의 신하들을 회식시켰다.

왕은 자기가 기르던 개가 죽자 불쌍한 마음이 들었지만 안자는 인간의 고통과 동물의 고통은 균형감을 가지고 조명해야 한다고 주장하고 있다. 또한 기원전 4세기의 아리스토텔레스Aristoteles, B.C. 384-B.C. 322부터 중세의 데카르트Aristoteles, B.C. 384-B.C. 322, 칸트Immanuel Kant, 1724-1804, 다윈Charles Robert Darwin, 1809-1882, 그리고 최근의 피터 싱어Peter Singer, 1946-에 이르기까지, 많은 서양 철학자들 역시 동물과 인간의 관계를 고민해왔다.

동물은 단지 인간이 이용하기만 하는 물건일까? 아니면 동물 역시 감정을 느끼고 사물을 인식하며, 더 나아가서 사람과 같은 도덕적인 면을 가지고 있을까?

많은 나라에서 동물을 학대하면 법의 처벌을 받도록 규정하고 있으므로 동물을 함부로 학대하는 사람은 거의 없을 것이다. 그럼에도 불구하고 들쥐나 비둘기는 사람들에게 아무 이익이 없으며, 병원체를 전파하므로 구제驅除하는 것이 좋다고 생각하는 사람도 있다. 이 경우 들쥐는 도덕적 지위는 고사하고 감정도, 인식도 없는 물건처럼 취급당한다.

한편, 동물은 '도구적' 가치가 있다고 생각하는 사람들도 있다. 동물이 인간에 미치는 영향에 따라 동물의 가치가 결정되는 것이다. 다른 사람의 개를 죽인다면 개 주인의 소유물을 빼앗는 것이기 때문에, 또는 주인에게 충격을 줄지도 모르기 때문에 그러면 안된다는 것이다. 또한 이러한 행동으로 말미암아 개를 학대한 사람이 도덕적으로 타락하고, 나중에는 사람에게까지 잔인한 행동을 할 수 있다고 여겨지기도 한다.

어떤 사람들은 동물에게는 '고유하게 내재하는' 도덕적 가치가 있다고 생각하며, 동물에 대한 본연의 의무를 지켜야 한다고 생각하는 사람들도 있다. 사람에게만 있다고 생각하는 도덕적 지위를 동물에게도 일부 인정한다면, 그 이유는 무엇일까? 도덕은 '도道의 이상理想에 따라 행동할 수 있는 상태'라고 정의할 수 있다. 중용中庸 1장에서, 하늘이 명해준 것을 성(性)이라 하고, 성(性)을 따르는 것을 도(道)라 하며, 도를 닦는 것을 교(教)라고 하였다(天命之謂性, 率性之謂道, 修道之謂教). 성리학의 토대가 되는 주희의 이기론理氣論에 따르면 '性'은 인의예지(仁義禮智)로 理에 해당하고, '情'은 측은지심(惻隱之心), 수오지심(羞惡之心), 사양지심(辭讓之心), 시비지심(是非之心)으로 氣에 해당한다. 인(仁)으로써 사랑하고, 의(義)로써 미워하고, 예(禮)로써 사양하고, 지(智)로써 아는 것을 도덕적이라고 할 수 있다.

동물의 도덕적 지위에 대해 인정한다면, 동물들도 '인의예지'의 도덕적 기준을 가지고 살고 있다고 생각해야 하지 않을까? 이러한 논쟁은 인물성동론人物性同異論을 주장한 이간李柬, 1677-1727과 인물성이론人物性異論을 주장한 한원진韓元震, 1682-1751사이에 일찍이 논의된 바 있다.

동물이 사람처럼 도덕적으로 살고있는지의 여부는 여전히 의문으로 남아있지만, 적어도 동물이 사람과 같이 감정이 있고, 상황에 대한 인식을 할 수 있다는 증거는 많이 있다. 동물은 통증을 느낄 수 있고, 정신적인 두려움이나 즐거움을 표현하며, 외부 상황을 인식한 후 판단하여 행동한다. 동물도 사람처럼 고통을 피하고 쾌락을 추구하려는 욕구가 있다면, 사람들은 최소한 그러한 동물의 이해利害에 대하여 고려하지 않을 수 없게 된다. 이것은 바로 고통받는 상대인 동물을 '인仁'으로써 불쌍히 여길 줄 아는 사람의 도덕적인 면이 작동하는 것으로, 동물을 도덕적인 대상으로 보는 시점이 되는 것이다.

그러나, 종차별주의자들은 사람 외의 동물은 사람에 비하여 생명의 가치가 적다고 생각한다. 대부분의 동물은 인간과 비슷한 천성天性을 가지고 태어났을지라도, 그것을 지키고 배워서 천성을 유지하고 실천하려는 도덕적인 사람과는 달리 인의예지신仁義禮智信과 같은 도덕심을 유지하지 못한다고 생각한다. 따라서 호모사피엔스가 다른 척추동물종보다 생명의 가치가 높다고 생각하는 것은 자연스러운 것일지도 모른다.

그러면 어떠한 기준으로 생명의 가치를 판단할 수 있을까? 사람은 태어날 때부터 나름대로의 방식에 따라 생명을 유지시키고자 노력한다. 또한 살아가면서 하고싶은 것을 이루고자 배우고 일하는 한편, 여러 사회활동을 통하여 그 사회가 발전하고 번영하는데에 이바지 한다. 생명을 유지시키고자하는 의지와 살아가면서 열망을 이루려는 노력을 생명의 가치로 판단한다면, 그것들을 이루어내는 능력이야말로 그 판단의 기준이 될 수 있을것이다. 자신의 생명에 대하여 자포자기自暴自棄하거나 살면서 무엇인가 이루고자하는 욕구가 없는 사람이라면, 살기 위해 노력하는 동물보다도 생명의 가치가 적다고 말할 수 있다. 즉, 생명을 유지하기 위해 노력하고, 또한 사람의 열망과는 다를지언정 각각의 동물들이 특유의 열망을 이루려고 노력하는 모습을 보면, 自暴自棄한 사람보다 생명의 가치가 크다고 생각될 때도 있다.

그러나, 열망을 이루어내는 능력만으로 생명의 가치를 재단하거나 동물과 사람을 비교할 수는 없다. 사람들은 힘세고, 빠르고, 열망으로 가득한 동물보다 여러 능력이 제한적인 노인이나 어린이를 더 보살핀다. 능력이 제한된 사람들을 더 보살피는 이유는, 사람에게는 측은지심惻隱之心이라는 도덕심과 맹자가 말한 친친인민애물親親仁民愛物이라는 차등애差等愛가 우리의 마음속에 자리잡고 있기 때문이다.

그럼에도 불구하고, 동물이 생명을 유지하고자 하는 노력과 나름대로의 정신적 욕구를 이루는 능력이 있다는 것을 생각해볼 때, 그것을 완전히 무시하면서 동물과 공존한다는 것은 힘들다고 생각하는 사람도 많이 있다. 이러한 열망을 가지고 있는 동물에 대해서 우리는 어떻게 대해주어야 할지 생각해보아야 한다.

동물을 죽이지 않으면 생존할 수 없었던 원시시대의 사냥꾼처럼, 현대에도 대부분의 사람들은 동물을 죽여서 고기를 먹고 동물실험을 통하여 의약품을 개발하는 등 동물의 희생을 대가로 건강한 삶을 추구하고 있다. 동물을 희생시켜 인간의 생존을 영위하고 있는 것이다. 문제는, 인간의 생존 목적을 넘어서서 지나치게 많은 육류를 소비하거나 심미적인 목적으로 동물을 희생시키고, 또한 목적이 불분명한 동물실험을 수행하는데에 있다. 인간은 이 과정에서 동물에게 심각한 고통을 준다. 인간과 동물이 공존하기 위해서는 사람뿐만 아니라 동물의 입장도 이해할 수 있는 시각이 필요하다.

I
동물은 무엇을 원하는가?

1

'인간은 털이 없는 나충(倮蟲)일 뿐이다'

*

'하늘이 둥글고 땅이 네모나다는 것이 진실입니까?'하고 제자가 묻자, 증자는 '만약 하늘이 둥글고 땅이 네모난 사각이면 하늘이 사각을 덮을 수 없다'고 하면서 제자에게 천지만물의 이치에 대해 자세히 가르쳐준다. 증자曾子, B.C. 505-B.C.435는 공자孔子, B.C. 551-B.C.479보다 46세 연하인 공자의 만년 제자로서 효심이 깊었고, 자사子思, B.C. 483-B.C. 402와 맹자孟子, B.C. 372-B.C. 289는 증자의 계통을 이은 것으로 전해진다. '증자'는 18편이 있다고 전해지는데, 그 중 10편만이 《대대례기大戴禮記》에 남아있다. 《대대례기》는 한漢나라의 대덕戴德이 고대의 문헌을 선별하여 정리한 유교 관련 논문집이다. 《대대례기》에 남아있는 '증자' 10편 중 '증자천원曾子天圓'에서 음양, 동물, 악기 등 천지만물의 이치에 대해 설명하고 있다. 그 중 동물에 대해서 다음과 같이 설명하고 있다.

> 모충[1](毛蟲)은 털이 난 뒤에 태어난다. 우충(羽蟲)은 날개가 생긴 뒤 태어난다. 모충과 우충은 양기가 낸 것이다(땅 위에서 살기 때문에). 개충[2](介蟲)은 갑각이 생긴 뒤 태어난다. 인충(鱗蟲)은 비늘이 생긴 뒤 태어난다. 개충과 인충은 음기가 낸 것이다(땅 아래 살기 때문에). 오직 인간만이 가슴(몸)을 나체로 하고 태어나는데 음양의 정기를 빼어내서 태어난 것이다. 털이 있는 짐승의 정수는 기린이고, 날개 달린 동물의 정수는 봉황이며, 갑각류의 정수는 거북이고, 비늘이 있는 동물의 정수는 용이며, 나충(倮蟲: 사람)의 정수는 성인(聖人)이다.
> 용은 바람이 아니면 솟아오르지 못하고 거북이는 불이 아니면 조짐을 나타내지

1 '蟲'은 동물을 뜻한다.
2 '介'는 딱딱한 갑각.

못한다³. 봉황은 오동나무가 아니면 깃들지 않고 기린은 숲이 아니면 머물지 않는다. 이것은 모두 음양이 만나는 것이다⁴. 이 네 가지(용, 거북, 봉황, 기린)는 성인(聖人)이 부리는 것이다. 이 때문에 聖人은 천지의 주인이 되고, 산천의 주인이 되고, 종묘의 주인이 된다. 그래서 聖人은 삼가 해와 달의 도수(세월)를 지키고, 별들의 운행을 살피고, 사시(四時)의 순서를 정하였으니, 이것을 역(曆)이라 한다(毛蟲毛而後生, 羽蟲羽而後生, 毛羽之蟲, 陽氣之所生也, 介蟲介而後生, 鱗蟲鱗而後生, 介鱗之蟲, 陰氣之所生也, 唯人爲倮匈而後生也, 陰陽之精也. 毛蟲之精者曰麟, 羽蟲之精者曰鳳, 介蟲之精者曰龜, 鱗蟲之精者曰龍, 倮蟲之精者曰聖人, 龍非風不擧, 龜非火不兆, 鳳非梧不棲, 鱗非藪不止, 此皆陰陽之際也. 玆四者所以聖人役之也, 是故聖人爲天地主, 爲山川主, 爲鬼神主, 爲宗廟主, 聖人愼守日月之數. 以察星辰之行, 以序四時之順逆, 謂之曆).

털도 없고, 비늘도 없고, 날개도 없으며, 갑각도 없이 벌거숭이로 태어난 나약한 인간 나충은 모충, 우충, 개충, 인충과 같은 동물을 다스리고자 부단히 도를 닦아 도덕심을 가지게 되면서부터 다른 동물보다 많은 면에서 우위를 점하고 있다. 나충은 도덕적 기반 위에서 만물의 영장이 되었다.

---

3   당시에는 거북이 등을 불에 구워 점을 쳤다.
4   용은 음이고 바람은 양, 거북이는 음이며 불은 양, 봉황은 양이고 오동나무는 음.

2

동물에 대한 이중적 시각

1) 동물에 대한 배려

나충(사람)은 다른 동물에 대해서 이중적인 생각을 갖고 있다. 반려견을 기르면서 개를 식용으로 하는 사람들이 있는가 하면, 소, 돼지, 닭고기를 먹으면서 동물복지를 주장하며, 동물실험을 거쳐 안전성과 효능을 확인한 의약품을 복용하면서 동물실험의 잔인함과 무익함을 주장하기도 하고, 살아 꿈틀거리는 생선을 날로 먹으며 동물의 생명을 존엄하게 여기자고 주장하기도 한다. 반려동물에게 고기를 주며 돼지는 고기를 제공하는 동물이라고도 생각한다.

영화「꼬마 돼지 베이브」(1995)의 주인공 '베이브'는 다른 돼지보다 똑똑하였다. 꼬마 돼지 베이브는 엄마가 도축장에 팔려가고난 후에 양 목장으로 팔려간다. 베이브는 그곳의 양치기 개와 친해지면서 양치기에 천부적인 소질을 보이게 되고, 이것을 주인이 알게되어 마침내 전국 양몰이 대회에서 우승을 차지하게 된다. 영화를 본 관객은 꼬마 돼지 베이브를 다른 돼지처럼 도축해서 고기로 먹는 돼지로 생각할까, 아니면 사물을 인식할 수 있는 동물로 바라볼까?

강아지나 고양이를 반려동물로 기르는 사람은 이 영화를 본 후 베이브를 식육용 돼지가 아닌 영특한 반려동물로 생각할 수도 있다. 대부분의 사람들은 동물에 대한 이러한 일관성 없는 이중적 시각을 잘 인식하지 못한다. 동물과 인간의 관계에 관한 논의 자체를 불필요한 것으로, 그리고 동물을 단지 이용의 대상으로 간주하기도 한다. 반면에, 동물은 인간에게 철저하게 이용당하고 있을 뿐이며, 사람과 마찬가지로 동물에게도 감정이 있고 자기인식 능력이 있다고 생각하는 사람들도 있다. 이들은 고기와 가죽, 알 등을 취식하거나 소비하지 않는 등 동물에 관한 그러한 생각을 몸소 실천에 옮긴다. 또한 살아있는 동물을 이용하여 연구하는 동물실험에 대해서도 당장 중지하거나 대체실험방법의 개발을 촉구하기도 한다. 동물을 바라보는 시각에서 비롯된 이러한 갈등은 개인의 내면에서도 종종 일어난다. 돼지고기를 먹으면서도 돼지 베이브는 개보다 더 영리하기 때문에 돼지고기가 아니라고 생각하는 경우가 바로 그것이다.

주지하다시피, 동물과 인간의 관계에 대한 이러한 이중적 시각은 오랜 세월에 걸쳐 논의된 문제이다. 기원전 4세기의 아리스토텔레스부터 중세의 데카르트, 칸트, 다윈, 그리고 최근의 피터 싱어에 이르기까지, 서양의 많은 철학자들이 동물과 인간의 관계를 고민해왔다. 우리나라에서도 동물에 대한 인식이 변하기 시작하면서 동물복지와 동물이용에 대한 이중적 시각이 농장동물, 반려동물, 실험동물, 동물원동물, 그리고 야생동물에 이르기까지 곳곳에서 확대되고 있다. 2019년에는 수의과대학에서 학생실습으로 사용되는 동물들이 학대받고 있으며, 또한 동물실험에 식용견을 이용하였다고 비난받기도 하였다. 실험에 사용된 동물을 생각하면 불쌍하지만, 교육과 연구에 동물을 사용하는 이유는 그것이 인간뿐만 아니라 동물도 건강하게 살게끔 하기 위한 방편이기 때문에, 연구나 교육의 현실을 생각하는 담당자들은 개선 방향을 제시하기가 쉽지 않다. 공자도 자신이 기른 개를 사랑했다. 공자가 자신이 기르던 개가 죽자 제자 자공으로 하여금 그것을 묻어주게 하면서 말하기를, "내가 들으니, 낡은 휘장을 버리지 않는 것은 말을 묻기 위한 것이고 낡은 수레 덮개를 버리지 않는 것은 개를 묻기 위한 것이라고 하더라. 나는 가난하여 수레 덮개가 없으니 그것을 묻을 때 역시 방석을 깔아주어 그 머리가 흙속에 빠지지 않도록 하여라"라고 하였다(禮記・檀弓下). 이렇듯, 동물을 살아있는 생명체로 배려하고 고통을 주지 않으려는 마음은 동물의 도덕적 지위를 인정하고자 하는 발단이 되었다.

2) 동물의 도덕적 지위

동물은 감정을 느끼고, 사물을 인식하며, 더 나아가 도덕적으로 행동하는 존재인가? 동물의 도덕적 지위를 일부 인정할 수 있다면 그 이유는 무엇일까? 도덕은 '도道의 이상理想에 따라 행동할 수 있는 상태'라고 정의할 수 있다. 이러한 정의가 잘 나타난《중용中庸》1장을 다시 한 번 살펴보고자 한다.

- 하늘이 명해준 것을 성(性)이라 하고, 성을 따르는 것을 도(道)라 하며, 도를 닦는 것을 교(敎)라고 하였다(天命之謂性, 率性之謂道, 修道之謂敎).
- 성리학의 토대가 되는 주희의 이기론(理氣論)에 따르면 '性'은 '인·의·예·지(仁·義·禮·智)'로 理에 해당하고, '情'은 측은지심(惻隱之心), 수오지심(羞惡之心), 사양지심(辭讓之心), 시비지심(是非之心)으로 기(氣)에 해당한다. 인(仁)으로써 사랑하고, 의(義)로써 미워하고, 예(禮)로써 사양하고, 지(智)로써 아는 것을 도덕적이라고 할 수 있다.

위에서 언급한《중용中庸》의 의의를 생각해보았을 때, 과연 동물들의 도덕적 지위를 인정할 수 있는 것인가? 동물들도 인·의·예·지의 도덕적 기준을 가지고 살고 있을까? 인물성동론人物性同論을 주장한 이간李柬, 1677-1727과 인물성이론人物性異論을 주장한 한원진韓元震, 1682-1751사이에 벌어진 논쟁이 바로 그것이다. 물론, 동물이 인간과 같이 도덕적인 삶을 영위하는지는 확실히 알 수 없다. 그러나 동물은 분명 감정을 느끼고, 상황을 인식하며, 그에 따라 적절한 능력을 발휘한다. 고통을 느끼고, 두려워하며, 행복해한다. 동물이 사람처럼 도덕적인 삶을 살지는 않을 것으로 생각되지만, 동물이 추구하는 이해利害는 사람의 이해와 크게 다르지 않다. 고통을 피하고 쾌락을 추구하려는 인간의 마음처럼 동물에게도 그러한 욕구가 있다는 것을 인정한다면, 사람들은 동물의 이해에 대하여 고려하지 않을 수 없게 된다. 이것은 바로 고통받는 상대를 '인仁'으로써 불쌍히 여길 줄 아는 사람의 도덕적인 면이다.

인간은 육식을 하지 않을 수 없다. 또한 동물실험을 당장 중지할 수 있는 상황도 아니다. 동물을 통한 단백질 섭취와 각종 동물실험을 통하여 의·약학 분야에서의 학문적 진일보가 이루어지는 등, 인간은 생존과 번영을 위해 계속 동물을 이용해왔고 앞으로도 그래야 한다. 그러나 이러한 최소한의, 혹은 필수적인 목적을 넘어선 과도한 동물이용에 대해서는 문제의식을 가져야 한다. 심미감 충족을 위한 무분별한 사냥 행위, 과도한 육류 취식, 자의적 해석에 의해 행해지는 검증되지 않은 동물실험 등이 그 대표적인 예일 것이다.

검은색으로 그린 술잔만을 보고 있으면 흰 바탕에 그려진 사람의 얼굴은 보이지 않는다. 또한 흰색의 바탕만 보면 사람의 얼굴이 보이지만 검은색의 술잔은 보이지 않는다. 인간과 동물이 공존하기 위해서는 검은색의 술잔과 흰색의 사람 그림을 동시에 볼 수 있는 시각이 필요하다.

3) 동물에 대한 갈등을 마주하는 사람들의 마음

우리 마음 속에는 동물에 대한 갈등이 많이 존재한다. 동물실험을 하는 연구자는 동물에 고통을 주는 것을 괴로워하면서도 연구결과를 얻기 위해 잔인한 실험을 계속 하고 있다. 희귀한 동물을 아이들에게 보여주기 위하여 동물원을 찾는 부모는 동물들이 갇혀 사는 것이 불쌍하다고 말하면서도 아이들에게 동물의 습성에 대해 재미있게 설명해준다.

'인간은 동물을 어떻게 바라봐야 이러한 갈등이 없어질까?' 이러한 주제로 대화를 나누다보면, 많은 사람들이 '동물은 사람이 이용할 수 있는 자원이기 때문에 동물의 복지나 생존에 대해서 더 이상 얘기하고 싶지 않다'고 한다. 즉, 동물의 생존이 인간에게는 큰 주제가 되지 않는다는 생각을 하고 동물을 이용하고 있는 것이다. 그러나 동물애호가들은 '동물을 사랑하지만 그래도 인간이 동물을 자원으로 이용할 수도 있다'는 생각을 하기도 한다. 동물을 보호하는 사람들의 입장에서는, 이러한 화제는 이야기해볼만 하며, 보다 적극적인 방법으로 동물의 복지를 논의해보자고 제의한다.

이렇듯 동물에 대한 사람들의 생각은 저마다 다르다. 개개인이 살아온 환경과 교육여건 등에 따라 그 가치관이 서로 차이나듯, 동물을 보는 시각 역시 상이한 것이다.

동물과 인간이 공존하기 위해 동물과 인간의 관계에 대한 분명한 윤리적 기준이 있어야 한다는 것은 사실이다. 그러나, 현재는 동물에 대한 사람들의 생각에 저마다의 합당한 논리가 있고, 자신이 살아왔던 환경과 겪어온 경험, 교육여건 등에 따라 여러 현안에 대한 생각이 정립되기 때문에, 서로의 생각이 다르다고 상대방을 비난할 수는 없을 것이다. 따라서, 문헌을 통하여 사람들이 어떠한 시각으로 동물을 보았는지 살펴보기로 한다. 어쩌면 옛 사람들의 이야기 속에서 동물과 인간의 공존에 관한 해답을 찾을 수 있을지도 모른다.

3

동양사상에서의 동물에 대한 시각

아리스토텔레스Aristoteles, B.C. 384-B.C. 322는 '이성이 모든 것을 지배해야 한다'고 생각하였다. 만물의 서열에 대한 아리스토텔레스의 뿌리깊은 사고로부터, 사람들은 '동물은 오로지 인간의 먹이가 되기 위해 존재한다'고 생각하였다. '이성적인 남자가 덜 이성적인 여자를 지배해야하며, 이성적인 주인이 비이성적인 노예를 지배해야 한다'는 식의 사고가 이와 유사한 것들이다. 그와 마찬가지로, 인간은 동물을 지배해야 한다는 생각이 자리잡기도 하였다. 17세기의 철학자인 르네 데카르트René Descartes, 1596-1650는 동물과 인간 사이에 큰 차이가 있다고 생각했다. 그는 '인간에게는 영혼이 있지만 동물에겐 영혼이 없다'고 주장했다. 영혼은 사고와 이성뿐 아니라 모든 의식까지 통제하는 주체이기 때문에, 동물에게는 사고와 인식이 없다고 생각한 것이다. 18세기에 이르러 칸트Immanuel Kant, 1724-1804는 '동물은 존엄성이 부족하기 때문에 인간은 동물에 대하여 의무가 없다'고 생각하였다.

그러나 칸트와 동시대에 활동한 철학자 제레미 벤담Jeremy Bentham, 1748-1832은 '동물이 쾌락과 고통을 느끼는 한, 인간은 동물에 대한 의무를 해야 하는 존재'라고 생각하였다. 벤담의 이러한 공리주의적 사고는 20세기의 피터 싱어Peter Singer, 1946-에 이르러 '동물의 고통으로부터의 해방'에 대한 강한 주장을 펴게끔 할 수 있는 발판을 마련해주었다. 이와 맞물려 다윈Charles Robert Darwin, 1809-1882의 진화론과 벤담의 공리주의를 기반으로 한 동물관이 형성되고, 2012년에 피터 싱어가 「동물 해방」을 출간하면서 서구에서 시작한 동물에 대한 배려와 동물 복지, 동물 보호에 대해 익숙해지게 되었다.

하지만 동양사상에서는 동물과 인간의 관계에 대한 고찰이 많이 이루어지지는 않았다. 아리스토텔레스와 같은 시대에 살았던 맹자 등에 의한 간헐적 논의가 있어왔지만[5], 특히 중국을 비롯한 동양에서 개를 식용으로 하거나 야생동물을 약재로 사용하기 위해 남획하는 등의 행위들이 알려지면서, 동양은 동물의 학대가 일상화되어있는 것처럼 조명되어왔다.

그러나 데카르트가 동물이 영혼이 없는 기계라고 했던 비슷한 시기(1678년)에, 우리나라의 조선조 중기에는 동물과 사람의 천성이 같은지, 혹은 다른지에 대한 이간李柬, 1677-1727과 한원진韓元震, 1682-1751의 인물성동이론人物性同異論 논쟁이 있었다.

- 이간은 '사람과 동물이 다르고 사람들 상호간에도 서로 다른 것은 기질의 차이일 뿐, 이理를 이루는 태극太極, 천명天命, 오상五常은 사람이나 동물이 같다'고 생각한 인물성동론人物性同論을 주장하였다.
- 한원진은 '이理는 태극太極과 천명天命으로 이루어져있으며, 사람과 동물에서 이理는 같으나 기氣인 오상五常은 사람에게는 있지만 동물에게는 없기 때문에 사람과 동물의 본성은 다르다'고 하였다.

이러한 논쟁을 살펴보면, 동물과 인간은 하나의 생명체로써 감각과 정서를 가지고 있다는 점에서는 거의 차이가 없는듯 생각되면서, 또 한편으로는 오상五常을 가지지 못한 점에서 큰 차이가 날 수 있다고 생각했던 것으로 보인다. 이렇듯 오상에 대한 유무를 고려하면서도 사람들은 동물을 불쌍하게 여기는 마음을 가지고 있었다.

2020년의 새해가 시작된 이 시점에, 국내에서는 동물복지에 대한 관심이 그 어느때보다도 고조되어있다. 우리는 어릴때부터 고기와 계란을 먹고 우유를 마시며 살아왔다. 어디 그뿐인가? 소의 가죽으로 만든 구두와 양의 털로 만든 옷을 입고, 동물의 뼈로 만든 장신구를 이용해왔다. 또한, 우리가 복용하는 대

---

5   맹자는 불쌍한 동물을 귀하게 여기는 덕목을 비유하면서, 사람에 대한 '불인지심'이 왕 노릇을 하는데에 꼭 필요한 덕목이라고 설파하기도 하였다. 40쪽의 「동양고전에서 본 동물과 인간의 관계」 참고.

부분의 의약품은 동물실험을 거쳐 안전성을 확인한 것들이다. 수의과대학에서는 동물의 질병을 보다 잘 치료하기 위하여 건강한 실험용 동물에 고통을 주고 그 고통의 대가代價로 다른 동물을 구제하는 법을 가르친다. 한편, 구제역口蹄疫으로 인해 수백만두의 우제류偶蹄類 동물들이 살처분되기도 한다. 그렇게 많은 동물을 살처분하면서 고기를 먹어야하고, 그 많은 실험동물을 희생하면서 안전한 의약품을 개발해야하고, 그 많은 고통을 가하면서까지 의료기술 개발을 위한 동물실험이 필요하다고 느끼면서도, 많은 사람들은 반려동물을 가족처럼 대하며 지내고 있다. 동물실험에 사용되는 개 비글은 반려동물로 기르는 비글과 같은 종의 개다.

 이렇듯 동물을 일상생활에서 식용으로, 가죽으로, 실험용으로 이용함과 동시에 동물에 대한 애정을 가지려는 마음의 갈등에 대하여, 사람들은 동물과 인간의 관계를 어떠한 시각으로 보아왔을까? 이러한 갈등의 실마리를, 동양의 고전 속에 드러난 동물과 인간의 관계를 고찰하며 풀어보고자 한다. 다음은 필자가 대한수의사회에 발표한 「동양고전에서 본 동물과 인간의 관계」(박재학·김창환 공저, 2015)를 정리한 것이다.

「동양고전에서 본 동물과 인간의 관계」

(박재학·김창환 공저, 2015)

1. 인성(人性)과 물성(物性)은 어떠한 차이를 가지고 있을까?

사람이 금수와 다른 것이 거의 드문데 일반 사람들은 그것을 버리고 군자는 그것을 보존한다. 여기서 말하는 '그것'이라는 것은 바로 오상(五常)을 말하며 하늘이 명해준 성(性)을 뜻한다. 동물과 사람은 다른 것이 별로 없다. 다만 오상의 유무에 차이가 있을 뿐이다. 그런데 일반 사람들은 그 오상을 버려서 동물처럼 오상을 유지하지 못하지만 군자는 그 동물과 차이나는 점을 보존한다는 것이다(人之所以異於禽獸者, 幾希, 庶民去之, 君子存之.《맹자(孟子) 이루하(離婁下)》).

2. 그러면 오상은 무엇인가?

하늘이 명해준 것을 성(性)이라 하고 성(性)을 따르는 것을 도(道)라 하며 도를 닦는 것을 교(敎)라고 한다. 하늘이 명해준 것을 성(性)이라 하는데 그것이 바로 오상(五常)으로써 신(信)은 그 바탕이 되고 있으며 인(仁), 의(義), 예(禮), 지(智)는 각각 측은지심(惻隱之心), 수오지심(羞惡之心), 사양지심(辭讓之心), 시비지심(是非之心)이라는 사단(四端)에서 출발하고 있다(天命之謂性, 率性之謂道, 脩道之謂敎.《중용(中庸)》- 1장).

   1) 오상의 유무에 대한 동물과 인간의 차이는 다음의 구절에서 볼 수 있다.
   · 금수는 부모와 새끼 관계는 있지만 부자유친(父子有親)은 없으며, 암수는 있지만 부부유별(夫婦有別)은 없다. 그러므로 사람의 도리는 (동물과) 구분하지 않을 수가 없다(夫禽獸有父子而無父子之親, 有牝牡而無男女之別. 故人道莫不有辨.《순자(荀子)》-비상(非相)).
   · 사람이 금수보다 귀한 것은 예(禮)가 있기 때문이다. 이것은 오상중의 예(禮)는 동물에게는 없지만 사람에게는 있는 도리라고 말하고 있는 것

이다(凡人之所以貴于禽獸者, 以有禮也.《안자(晏子)》).

2) 오상 중 의(義)를 기준으로 동물과 인간의 차이를 말하는 구절도 있다.

· 물과 불은 기운은 있으나 생명이 없고, 풀과 나무는 생명은 있으나 지각이 없으며, 새와 짐승은 지각은 있으나 의(義)가 없다. 사람은 기운도 있고, 생명도 있고, 지각도 있고, 또한 의(義)도 있다. 그러므로 천하에서 가장 귀한 존재이다(水火有氣而無生, 草木有生而無知, 禽獸有知而無義, 人有氣有生有知亦且有義. 故最爲天下貴也.《순자(荀子)》-왕제(王制)).

· 사람이면서 의(義)가 없이 단지 먹기만 할 뿐이라면 그것은 닭이나 개이다. 먹이를 다투느라 뿔을 부딪히고 이기는 자가 통제자가 된다면 그것은 새나 짐승이다(人而無義, 唯食而已, 是雞狗也. 彊食靡角, 勝者爲制,是禽獸也.《열자(列子)》-설부(說符)).

이 구절에서는 동물에게는 지각은 있으나 의가 없다고 설명하고 있다.

　동물은 고통에 대하여 반응한다. 상처난 부위에 대해 고통 때문에, 또는 그 부분을 보호하고자 스스로 대처한다. 그 뿐만이 아니다. 그 상처를 준 사람이나 덫, 또는 다른 동물에 대하여 두려움을 느끼기도 한다. 이와 같이 고통의 감각과 두려움을 깨닫는 능력을 동물들이 가지고 있다는 것을 고전에서 통찰한 것이다. 다만, 동물들이 인(仁)이나 의(義)와 같은 자의식적인 통찰력을 가지고 있다고는 생각하지 않았다.

　그러나 조선 중기에 우리나라에서는 동물이 인간과 어느 정도의 천성(天性)을 공유하는지에 대한 논쟁이 있었는데, 조선조 중기의 인물성동이론(人物性同異論)의 논쟁이 바로 그것이다. 인물성동론(人物性同異論)은 서울·경기지방을 중심으로 한 낙론(洛論)을 대표하는 이간(李柬, 1677 - 1727)의 주장이고, 인물성이론(人物性異論)은 충청도를 중심으로 한 호론(湖論)의 한원진(韓元震, 1682 - 1751)의 주장이다. 이간은 사람과 동물이 다르고 사람들 상호간에도 서로 다른 것은 기질의 차이일 뿐 이(理)를 이루는 태극(太極), 천명(天命), 오상(五常)은 사람이나 동물이 같다고 생각하여 본연지성(本然之性)의 입장에서 사람과 동물의 같은점을 강조한 인물성동론을 주장하였다. 다만 거기에는 약간의 차이가 있을 뿐이라고 하는 입장이다. 반면 호론을 대표하는 한원진은 주장하기를, '이(理)는 태극(太極) 과 천명(天命)으로 이루어져있으며 사람과 동물에서 이(理)는 같으나 기(氣)인 오 상(五常)은 사람에게는 있지만 동물에게는 없기때문에 사람과 동물의 본성은 다 르다'고 하였다. 이러한 논쟁을 살펴보면 동물과 인간은 하나의 생명체로써 그 차 이는 거의 없는듯 생각되면서, 또 한편으로는 오상을 가지지 못한 점에서 큰 차이 가 날 수 있다고 생각했던 것으로 보인다. 《장자(莊子)》의 「덕충부(德充符)」에서 말한, "다르다는 점에서 본다면 간과 쓸개도 초(楚)나라와 월(越)나라의 거리지만, 같다는 점에서 본다면 만물은 모두 하나이다(自其異者視之, 肝膽楚越也, 自其同者 視之, 萬物皆一也)"라는 구절이 이러한 주장의 차이를 대변해주는 것 같다.

3. 그렇다면 고대 동양에서 사람들은 동물을 어떤 대상으로 보았을까?
크게 세 가지로 나누어 첫째는 이용의 대상, 둘째는 교류의 대상, 그리고 마지막으 로 폄하의 대상으로 보았음을 살필 수 있다.

1) 이용의 대상
천자(天子)의 사직에서는 모두 태뢰(太牢)를 쓰고 제후(諸侯)의 사직에서는 모두 소뢰(少牢)를 쓴다. 태뢰(太牢)는 소(우: 牛), 양(羊), 돼지(시: 豕)를 말하고 소뢰 (少牢)는 양(羊)과 돼지(시: 豕)를 이른다(天子社稷皆太牢, 諸侯社稷皆少牢.《예기 (禮記)·왕제(王制)》). 이것은 동물을 제사의 제물로 사용한 예이다.
또한 동물은 현재에도 마찬가지이지만 의식(衣食)의 주공급원으로 사용되었다. 그러한 예는 고전에서 많이 보이고 있는데, 대표적인 예를 몇 개 들어본다.

- 옛날에는 남자들이 농사를 짓지 않았는데 풀과 나무의 열매가 먹기에 넉넉하였기 때문이고, 부녀자들이 길쌈을 하지 않았는데 짐승의 가죽이 입기에 충분하였기 때문이다(古者丈夫不耕, 草木之實, 足食也, 婦人不織, 禽獸之皮, 足衣也.《한비자(韓非子)》-오두(五蠹)).

· 경공의 사냥개가 죽자, 경공이 명을 내려 밖으로는 개에게 관을 마련해 주고 안으로는 제사를 지내주도록 하였다. 안자가 그 말을 듣고 간언하자 경공이 말하기를, "역시 작은 일입니다. 그저 좌우 신하들과 웃음거리로 삼을 뿐입니다"라고 하였다. 안자가 아뢰기를, "임금님께서 잘못하셨습니다. 무릇 많이 거두어들이기만 하고 백성에게 되돌려주지 않으면서 재물을 버려 좌우 신하들을 웃게 하시다니요. 백성들의 근심을 무시하면서 좌우 신하들의 웃음을 중시한다면 나라가 역시 희망이 없습니다. 게다가 고아나 늙은이는 헐벗고 굶주리는데 죽은 개가 제사를 받으며 홀아비와 과부는 보살핌을 받지 못하는데 죽은 개는 관까지 갖추다니요. 행실이 치우친 것이 이와 같음을 백성들이 듣는다면 틀림없이 우리 임금님을 원망할 것이고 제후들이 듣는다면 틀림없이 우리나라를 경시할 것입니다. 원망이 백성들에게 쌓이고 권세가 제후들에게 무시받는데도 작은 일이라고 하십니까. 임금님께서는 바라건대 이를 헤아려주십시오"라고 하였다. 경공이 말하기를, "훌륭합니다"라 하고는 바로 주방장에게 개를 요리하게 하여 조정의 신하들을 회식시켰다(景公走狗死, 公令外共之棺, 內給之祭. 晏子聞之諫, 公曰, 亦細物也. 特以與左右爲笑耳. 晏子曰. 君過矣. 夫厚籍斂不以反民, 棄貨財而笑左右, 傲細民之憂, 而崇左右之笑, 則國亦無望已. 且夫孤老凍餒而死狗有祭, 鰥寡不恤而死狗有棺, 行辟若此, 百姓聞之, 必怨吾君, 諸侯聞之, 必輕吾國. 怨聚于百姓, 而權輕于諸侯, 而乃以爲細物. 君其圖之. 公曰, 善. 趣庖治狗, 以會朝屬.《안자(晏子)》).

동물들에게 일을 시켜 농사를 짓거나 무거운 짐을 나르게 하는 사역(使役)으로써의 관계에 대한 예를 들어 본다.

· 말과 소를 부리고 닭에게 아침을 알리게 하며 개에게 문을 지키게 하는 것은 그것의 원래 기능을 따르는 것이다(駕馬服牛, 令鷄司夜, 令狗守門, 因其然也.《회남자(淮南子)》-태족훈(泰族訓)).

・한(漢)나라 명제(明帝) 시기에 섭마등(攝摩騰)과 축법란(竺法蘭)이 처음으로 서역(西域)에서 백마(白馬)에 불경(佛經)을 싣고 왔다. 막 도착하여 홍려시(鴻臚寺)에 머물렀기 때문에 마침내 이 관서 이름을 따서 백마사(白馬寺)를 창건하였다(漢明帝時, 攝摩騰·竺法蘭, 始自西域以白馬駄經來. 初止鴻臚寺, 遂取此寺名, 創白馬寺.《사물기원(事物紀原)》).

동물의 지혜(知慧)를 이용한 예도 있다.

・관중과 습붕이 환공을 따라 고죽국을 쳤는데, 봄에 갔다가 겨울에 돌아오면서 길을 잃었다. 관중이 말하기를, "말의 지혜를 이용할만합니다"라고 하자 이에 늙은 말을 풀어놓고 그 뒤를 따라가서 마침내 길을 찾았다(老馬識途: 管仲·隰朋從桓公伐孤竹, 春往冬反, 迷惑失道. 仲曰, 馬之智可用也. 乃放老馬而隨之, 遂得道.《한비자(韓非子)》-세림(說林)).

2) 공생, 반려, 배려와 같은 교류 대상
(1) 공생(共生)의 경우로 다음과 같은 예를 살필 수 있다.
・작은 나라와 적은 인구, … 자신들의 거처를 편안히 여기고 자신들의 풍속을 즐기며 이웃 나라가 서로 바라보이고 닭 우는 소리와 개 짖는 소리가 서로 들린다(小國寡民,…安其居, 樂其俗, 隣國相望, 鷄犬之聲相聞.《노자(老子)》-80).
・지극한 덕이 이루어진 세상에서는 금수와 함께 살았고 만물과 무리지어 함께 했으니 어찌 군자나 소인을 알았겠는가(夫至德之世, 同與禽獸居, 族與萬物竝, 惡乎知君子小人哉.《장자(莊子)》-마제(馬蹄)).

(2) 반려(伴侶)의 예로써는,
・진(晉) 송처종(宋處宗)이 장명계(長鳴雞) 한 마리를 샀는데, 사랑하고 보살핌이 매우 지극하여 항상 새장에 넣어 창가에 두고 지냈다. 닭이 마침

내 사람처럼 말을 하게 되어 송처종과 담론을 하는데 말의 재치가 있어 종일토록 멈추지 않았다. 송처종이 이 때문에 말재주가 크게 늘었다. 뒤에 계창(雞窗)은 서재(書齋)를 가리키게 되었다(雞窗: 晉宋處宗嘗買得一長鳴雞, 愛養甚至, 恒籠著窗間. 雞遂作人語, 與處宗談論, 極有言智, 終日不輟. 處宗因此言巧大進. 後以雞窗指書齋.(송(宋) 유의경(劉義慶)-《유명록(幽明錄)》).

- 마사황(馬師皇)이라는 자는 황제(黃帝) 시기의 말의사였다.-후대에 수의사(獸醫師)의 원조로 존경받았다(馬師皇者, 黃帝時馬醫也. [한(漢) 유향(劉向)《열선전(列仙傳)・마사황(馬師皇)》]-後世尊爲獸醫鼻祖.).

(3) 배려(配慮)의 예로써는,

- 왕께서 당상에 앉아계시는데 소를 끌고 당하로 지나가는 자가 있었습니다. 왕께서 이를 보고, "소가 어디로 가는가?"라고 물으시자 대답하기를, "장차 종(鍾)의 틈을 바르는데에 쓰려고 합니다"라고 하였습니다. 왕께서, "놓아주어라. 나는 그것이 두려워하며 죄도 없는데 사지(死地)로 가는 것을 차마 볼 수 없다"라고 하셨습니다. … 군자는 금수에 대해서 그것이 살아있는것을 보고 차마 그것이 죽는것을 보지 못하며 죽으면서 내는 소리를 듣고 차마 그 고기를 먹지 못하니 이 때문에 군자는 푸주간을 멀리하는 것입니다(王坐於堂上, 有牽牛而過堂下者. 王見之, 曰牛何之? 對曰將以釁鍾. 王曰舍之. 吾不忍其觳觫若無罪而就死地. … 君子之於禽獸也, 見其生, 不忍見其死, 聞其聲, 不忍食其肉, 是以君子遠庖廚也.《맹자(孟子)》-양혜왕상(梁惠王上)).

- 공자의 기르던 개가 죽자 자공으로 하여금 그것을 묻어주게 하면서 말씀하기를, "나는 들으니, 낡은 휘장을 버리지 않는 것은 말을 묻기 위한 것이고 낡은 수레 덮개를 버리지 않는 것은 개를 묻기 위한 것이라고 하더라. 나는 가난하여 수레 덮개가 없으니 그것을 묻을 때 또한 방석을 깔아주어 그 머리가 흙속에 빠지지 않도록 하여라"라고 하였다(仲尼之

畜狗死, 使子貢埋之, 曰, 吾聞之也, 敝帷不棄, 爲埋馬也. 敝蓋不棄, 爲埋狗也. 某也貧, 無蓋, 於其封也, 亦予之席, 毋使其首陷焉.《예기(禮記)》-단궁하(檀弓下)).

· 양주(楊朱)의 동생인 양포(楊布)라고 하는 자가 흰 옷을 입고 나갔다가 비를 만나 흰 옷을 벗고 검은 옷으로 갈아입고 돌아왔다. 그의 개가 알아보지 못하고 쫓아가서 짖어댔다. 양포가 화가 나서 그 개를 때리려고 하자 양주가 말하기를, "너는 때리지 말라. 너도 또한 그 개와 같을 것이다. 앞서서 가령 너의 개가 흰 개로 나갔다가 검어져서 돌아온다면 어찌 괴이하게 여기지 않을 수 있겠느냐"라고 하였다(楊朱之弟曰布, 衣素衣而出, 天雨, 解素衣, 衣緇衣而反. 其狗不知, 迎而吠之. 布怒將扑之, 楊朱曰, "子無扑矣. 子亦猶是也. 嚮者使汝狗白而往, 黑而來, 豈能無怪哉.《열자(列子)》-설부(說符)).

3) 겸사(謙辭), 무시(無視), 경계(警戒)와 같은 폄하 대상

(1) 먼저 겸사(謙辭)의 예로서는,

· 바라건대 보잘것없는 노력을 다하고자 뒤따르며 함께 가고 싶습니다(犬馬之勞: 願效犬馬勞, 跟隨同去.《수호전(水滸傳)》).
· 자기의 자식을 겸하하여 호칭할 때 사용하였다.-'견자(犬子)'또는 '돈자(豚子)'.

(2) 무시(無視)의 예로서는,

· 사람에게는 도리가 있는데, 밥을 배불리 먹고 옷을 따뜻하게 입은 채 편안히 지내면서 가르침이 없으면 금수에 가까워진다. 성인이 또 이것을 근심하여 설(契)을 사도(司徒)로 삼아 인륜을 가르치게 하였으니, 부모와 자식 사이에는 친함이 있고, 군주와 신하 사이에는 의리가 있으며, 남편과 아내 사이에는 분별이 있고, 윗사람과 아랫사람 사이에는 차례가 있으며, 친구 사이에는 믿음이 있는 것이다(人之有道也, 飽食煖衣, 逸

居而無敎, 則近於禽獸. 聖人有憂之, 使契爲司徒, 敎以人倫, 父子有親, 君臣有義, 夫婦有別, 長幼有序, 朋友有信.《맹자(孟子)》-등문공상(滕文公上)).

· 앵무새가 말을 할 수 있지만 나는 새에 지나지 않고 성성이가 말을 할 수 있지만 금수에 지나지 않는다. 이제 사람이면서 예(禮)가 없다면 비록 말을 할 수 있다 하더라도 또한 금수의 마음이 아니겠는가(鸚鵡能言, 不離飛鳥. 猩猩能言, 不離禽獸. 今人而無禮, 雖能言, 不亦禽獸之心乎.《예기(禮記)》-곡례상(曲禮上)).

(3) 경계(警戒) 대상의 예로써는,

· 요임금 시대에 천하가 아직 다스려지지 않아 홍수가 멋대로 흘러 천하에 범람하였다. 초목이 무성하고 금수가 번식하였으며 곡식이 익지 않고 금수가 사람을 핍박하여 짐승과 새 발자국의 길이 나라 안에 교차하였다. 요(堯)임금이 홀로 이를 걱정하시어 순(舜)을 등용하여 다스림을 펴게 하자, 순이 익(益)으로 하여금 불을 맡게 하였고 익이 산택에 불을 질러 태우니 금수가 도망하여 숨었다(當堯之時, 天下猶未平, 洪水橫流, 氾濫於天下. 草木暢茂, 禽獸繁殖, 五穀不登, 禽獸偪人, 獸蹄鳥跡之道, 交於中國. 堯獨憂之, 擧舜而敷治焉, 舜使益掌火, 益烈山澤而焚之, 禽獸逃匿.《맹자(孟子)》-등문공상(滕文公上)).

동양에서는 고대로부터 동물과 인간의 관계를 숙고하면서 동물을 이용하였고, 또 한편으로는 배려도 하였다. 이와 같이 동물과 인간의 관계를 서양 철학자들은 고통의 해방이라는 측면에서, 그리고 동양사상에서는 동물에 대한 불인지심(不忍之心: 차마 하지 못하는 마음)의 마음이 예로부터 있었다는 것을 생각해보면, 동서양을 넘어 동물에 대한 배려도 우리 인간사회의 근본이 되는 측은지심(惻隱之心)에서 출발하였던 것으로 생각된다.

4

동물에 대한 '불인지심'

1) 사냥과 축산은 사람들이 살아가는데에 필요하다

우리는 동물에 대하여 잔인한 마음을 갖지 않도록 배워왔으며, 동물과 인간의 관계에 대해서도 오랫동안 공존의 필요성을 인식해왔다. 영화「디어 헌터」(1978)에서 주인공은 월남전에 참전하기 전에 친구들과 사슴 사냥을 나간다. 사슴의 커다란 눈망울과 순진무구한 표정이 사냥총의 총탄에 일그러지는 모습은, 앞으로 주인공이 전쟁터에서 마주할 잔인함을 예고하고 있다. 또한, 사람이 동물을 사냥하는 것이나 사자와 같은 동물이 다른 동물을 사냥하는 것을 잔인하다고 생각하는 사람들이 많다. 아프리카 초원에서 사자가 어린 가젤을 쫓아서 목덜미를 물고 숨통을 끊는 장면을 보면서 마음이 편치 않은 사람들도 있다. 하지만 사자가 사냥을 하지 않으면 굶어 죽을 수도 있다는 생각 역시 머리에 떠오른다.

농업과 목축업이 발달하지 않았던 시기의 사냥꾼은 생사를 걸고 사냥하여 먹을것을 준비해야 했다. 만약 사냥꾼이 동물을 불쌍하게 생각하여 사냥하지 않으면 가족들은 먹을 음식이 없었을 것이다. 사냥을 하지 않고 동물의 생명을 구한다는 것은 가족에게 잔인한 행위를 하는 것이기 때문에 생존을 위해서 동물의 생명을 빼앗을 수밖에 없었던 것이다. 현재는 많은 국가에서 사냥 대신 축산을 통하여 고기를 공급한다. 따라서 소비자가 직접 동물을 키우거나 죽일 이유가 없어졌다.

축산은 적은 비용으로 많은 단백질을 생산하려는 경제적 논리가 적용되는 사업으로, 동물의 복지를 고려하면 생산 비용이 상승한다. 그러나 동물의 생명을 빼앗는 것을 부담스러워한다면 축산 규모는 점차 줄 것이다. 축산의 규모를 점차 줄이고 좋은 환경에서 동물을 기르며 고기를 적게 생산한다면, 결국은 단백질을 필요로 하는 우리 사회에 상당한 부담을 안겨주게 될 것이다. 만약 축산으로 생산하는 고기의 비용이 지금보다 두 배 이상 올라간다면, 언제 어디서든 부담없는 가격으로 누릴 수 있는 육류가 포함된 식사를 지금처럼 즐기는 것은 가능하지 않을 것이다. 이러한 상황은, 사자가 가젤을 사냥하지 못하여 굶주리게 되는 것처럼, 인간에 대해 잔인한 행위를 하는 것이라고 생각할 수 있는 것이다.

사냥과 축산은 사람이 살아가는데에 있어서 필요한 수단이다. 문제는 사냥과 축산에서 동물의 생명을 빼앗는 목적과 인간이 그것을 이용하는 측면에서, 생존의 유지라는 평형점을 잃고 지나친 약탈과 살생이 종종 발생하고 있다는 것이다.

생존을 위해 사냥을 하던 사람들이 축산기술로 동물의 고기를 얻게 되었다. 중국 전국시대戰國時代: B.C. 403-B.C. 221의 맹자는 임금이 왕도王道의 정치를 행할 것을 주장하였는데, 왕도의 정치란 '백성이 굶주리지 않고 춥게 하지 않는 것'이라고 하였다. 《맹자》의 「양혜왕 상편」 제 7장에 다음과 같은 구절이 있다.

> 5畝(무)의 택지에 뽕나무를 심게 하면 오십이 된 사람이 비단옷을 입을 수 있고, 닭과 돼지, 개, 큰 돼지를 기르게 하여 그 번식 시기를 잘 조절하면 칠십이 된 자도 고기를 먹을 수 있으며, 농사철에 백무의 밭을 가진 사람들을 동원하고 차출하지 않는다면 여덟 식구의 집에 굶주림이 없을 것이며, 학교의 가르침을 신중하게 생각하여 효제의 의를 젊은이들에게 되풀이하여 가르친다면 머리가 희끗희끗한 자가 도로에서 물건을 등에 지거나 머리에 이지 않을 것이니, 늙은 사람이 비단옷을 입고 고기를 먹으며 백성이 굶주리지 않고 춥지 않게 하면서 왕노릇을 하지 못하는 자는 아직 없었다(吾畝之宅에 樹之以桑이면 五十者可以衣帛矣며 鷄豚狗彘之畜을 無失其時면 七十者可以食肉矣며 百畝之田을 勿奪其時면 八口之家 可以無飢矣며 謹庠序之敎하여 申之以孝悌之義면 頒白者 不負戴於道路矣리니 老者衣帛食肉하며 黎民이 不飢不寒이요 然而不王者 未之有也니이다).

이것은 백성들이 생업에 종사하여 잘 먹고 잘 살게 하는 것이 세력을 넓히고자 전쟁을 일삼는 임금의 사욕보다 더 중요하다는 것을 의미한다. 옛날부터 백성의 생업은 의식주의 해결에 근본을 두고 있었으며, 특히 고기는 살아가는데에 있어서 없어서는 안될 중요한 요소로 여겨져왔다.

그런데 현재 고기를 공급하는 축산업이 큰 위기에 처해있다. 발생이 되풀이 되고 있는 구제역과 조류인플루엔자로 인하여 수백만 마리의 가축과 가금家禽이 안락사당하여 매몰되고, 뜻밖의 전염병이 창궐하여 많은 동물이 생매장당하고 있다. 이러한 과정을 지켜보는 사람들의 마음은 편치 않다. 식용으로 사육되는 동물이지만 수명을 다하지 못하고 죽어나가거나 감염되어 힘들게 생존해 있는 모습을 보면, 수의학자로서 안쓰러운 마음이 든다.

축산 농가는 동물의 질병뿐만 아니라 가축분뇨에 인한 악취 문제로 지역주민과 갈등을 겪기도 한다. 외국에서 수입한 가축사료는 가축이 소화한 후 고스란히 분뇨로 남게 되어 주변을 오염시킨다. 분뇨의 악취제거와 발효과정을 거쳐 비료로 만드는 기술이 상당한 수준에 이르렀지만, 완벽한 악취제거와 비용절감을 위해서는 더 많은 비용이 투자되어야하며, 투자된 만큼 국내 생산 축산물은 가격 면에서 수입축산물에 비해 경쟁력을 잃게 될 것이다.

현재, 캐나다를 비롯한 많은 나라와 FTA가 타결되면서 언제 값싼 육류가 물밀듯이 들어올지 알 수 없는 시대가 되어버렸다. 경제적이나 사회적으로 보자면, 수입된 사료로 가축을 기르고, 질병으로 인하여 대량의 가축을 살처분 시키거나, 가축 분뇨로 인하여 환경을 오염시키는 것보다는, 값싼 육류를 외국에서 수입하는 것이 이러한 문제를 일거에 해결할 수 있는 매우 효율적인 방법이라고 생각할 수도 있다. 그러나 육류의 소비를 전적으로 수입에 의존한다면 수출국의 사정이나 국제분쟁 등으로 인해 국내 수급상황이 어려워질 가능성이 충분히 존재한다. 앞서 인용한 《맹자》에서 알 수 있듯이, 백성이 쌀과 고기를 배불리 먹을 수 있도록 하는 것은 훌륭한 정사를 펴고 '仁'을 베푸는 '왕도의 근본'이다. 현대사회에서도 육류를 포함한 국민의 기본식량은 국내에서 언제나 일정한 공급이 이루어지도록 그 기반을 유지하는 것이 중요하다.

동물의 질병예방, 가축 분뇨로 인한 환경오염방지, 쾌적한 사육환경유지 및 개선에 적지 않은 비용이 발생하는것은 사실이며 현실이다. 하지만 축산물은 사람의 삶에 꼭 필요한 요소를 충족시켜주는 것이기에, 동물의 고통을 줄이는 합리적인 축산 기술을 유지하며 지속적으로 축산물을 생산하는 것이 필요하다.

2) 잔인하다는 것

코뿔소의 뿔을 장식으로 이용하기 위해 밀렵당하는 코뿔소는 이제 희귀동물로 남아있다. 아프리카에서 사자를 사냥대상으로 삼는 사람들은 살상 자체가 목적이다. 대량의 단백질을 얻기 위해 동물에게 극심한 고통을 주는 집약식 축산은 아직도 세계의 많은 나라에서 행해지고 있다. 사냥과 축산은 사람들의 생존에 필요하지만, 지나치게 잔인한 사냥 방식과 동물의 고통이 극대화되어있는 집약식 축산을 머릿속에 떠올리지 않을 수 없다.

잔인殘忍함이란 무엇일까? '인忍'은 '참을 인'이라고 우리는 흔히 알고 있다. 무엇을 참는다는 것일까? 사람들은 즐겁고 좋아하는 것을 참아가며 하지 않는다. 싫은 것, 하기 힘든 것, 보기 싫은 것, 마음에 들지 않는 것, 무서운 것을 참아내가며 하는 것을 인내忍耐한다고 말한다. 사람들은 동물에 대한 잔인한 행위를 보거나 들은 다음에 동물을 대하는 관점에 변화가 올 수 있다.

 평소에 고기를 좋아하는 사람들은 돼지나 소, 닭을 보면 그저 고기를 생산하는 동물이라고 생각할 수 있다. 그런데 동물들이 사육되는 농장이나 도축장을 우연히 보게 된다면 동물들에 대해 불쌍한 마음을 갖기 시작한다. 동물들이 좁은 우리에서 살다가 도축장으로 실려갈때까지의 사육환경을 보고 동물들이 불쌍하다는 생각을 하고, 또 도축장에서 도살당하는 동물들의 울부짖음과 발버둥치는 모습을 보고 들으며 사람들이 동물에게 잔인한 행위를 하고 있다는 사실을 알게 된다. 양계장에서는 좁은 닭장에서 움직일 공간도 없이 사료를 먹고 알만 낳는 닭을 보며 닭이 불쌍하다고 생각하게 된다. 동물들이 이렇게 울부짖고 힘들어하는 모습을 보면서도 아무렇지도 않다면, 그것이 바로 '잔인한 마음'을 갖게 되는 시작점일 수도 있다.

3) 동물에게 잔인한 행동을 하는 사람은 사람에게도 그러할까?

Melissa Moore는 'The happy face killer'라는 연쇄살인자의 딸이다. 그녀는 BBC와의 인터뷰에서 자신의 아버지가 저지른 동물학대에 대하여 다음과 같이 회고하였다.

> 그녀가 다섯살 때 농장의 지하 저장고에서 새끼 고양이를 발견하고 놀고 있는데 그녀의 아버지가 고양이를 뺏어서 빨랫줄에 걸어놓고 고문을 시작하였다. 그녀가 놓아달라고 애원하였지만 결국 뒤뜰에서 고양이는 죽은 채 발견되었다. 또 한 번은 그녀가 동생과 함께 검은 고양이를 데리고 노는데 그 아버지가 와서는 고양이를 뺏어서 한손으로 꼼짝 못하게 하고 다른 손으로 머리를 비틀었다. 고양이는 절망적으로 그의 팔을 할퀴었지만 아랑곳하지 않았다.[6]

The happy face killer라고 알려진 Keith Hunter Jesperson은 160명의 여자를 살해했다고 자백하였는데, 실제로 여덟 명의 여자를 연쇄살인한 것으로 드러났다. 그는 어릴 때부터 고양이나 뒤쥐와 같은 동물을 죽이고 다른 아이들에게도 폭력을 휘둘렀다고 알려져 있다. 동물학대로 악명을 떨친 Kayla Bourque는 자신이 키우던 개와 고양이를 잔인하게 살해하고 부랑자를 죽이고 싶다는 살해의도를 보여서 실형을 선고받은 애정결핍의 사이코패스로 알려져있다.

동물학대가 사람에 대한 학대, 폭력, 방치 등과 깊은 연관성이 있다고 알려져있지만 그것을 증명하기는 힘들다. Jeffrey Dahmer, Ted Bundy, David Berkowitz, Albert DeSalvo, the Boston Strangler와 같은 연쇄살인범들은 유년기 시절에 이미 동물을 학대했다고 알려져있다. 연구자들은 동물학대와 사람에 대한 폭행을 다음과 같이 두 종류로 구분한다.

 6   (QR 참고)

- 어릴 때 동물을 학대하였던 사람이 성장 후에도 다른 사람에게 폭력적인 성향을 보일 수 있음
- 동물을 방치하거나 학대하는 성인은 가족에게도 같은 태도를 취할 수 있음

또한 미국의 National Youth Survey Family Study에서 보고한 바에 따르면, 동물학대 경험이 있는 부모는 그렇지 않은 부모보다 3.6배 더 폭력을 휘두를 수 있다고 하였다. 미국에서 교내 총기난사를 저지른 43%의 살인범들은 동물학대의 경험이 있었다고 한다. 동물에 대한 잔인한 행위는 FBI의 광범위한 범죄 데이터베이스에서 방화, 강도, 폭행 및 살인과 같은 중범죄와 함께 취급되고 있다. FBI는 동물학대범들을 Group A의 중죄인으로 분류하고 있는데, 폭력적인 행위가 더욱 심해지기 전에 그들의 추가 범죄 가능성을 예방하는것이 그 목적이다.

우리 주변을 돌아보면 동물에 대한 잔인한 행위를 어린이들이 무심코 경험하게 되는 경우를 많이 볼 수 있다. 충분한 사전교육을 받고 동물실험을 해야 함에도 불구하고, 그러한 과학적·윤리적 교육 없이 초·중·고 학생에게도 마우스와 같은 실험용 동물의 해부를 경험시키는 경우가 있다. 물론, 사람은 동물로부터 많은것을 얻어 생존해왔다. 그러나 동물의 적절한 이용과 관리에 대하여 학생들에게 폭넓은 교육을 시킬 필요가 있으며, 그와 함께 동물에 대한 잔인한 마음을 갖지 않도록 청소년기 시절부터 가르쳐야 할 것으로 생각한다.

앞서 언급한 동물학대와 인간 폭력의 연관성과 같은 연구결과의 대부분은 방법론적으로 제한적이며, 또한 회고적인 방법을 사용한다. 수집되는 자료들이 모두 증언에 의한 것이기 때문에 과장된 증언, 또는 기억하지 못하는 과거가 있을 수 있다. 감옥에 있는 죄수들의 회고 등으로 이루어진 연구 결과에 대한 신뢰성이 부족하며, 가설을 뒷받침하는 결과가 '거짓 긍정'을 야기했을 가능성이 있다. 동물학대와 인간에 대한 폭력과의 관계를 이해하기 위해서는 범죄학자, 사회학자, 심리학자, 법률학자 및 사회복지사, 수의사, 의사와의 상호 공조가 필요하다. 학대받은 동물에 대한 주의깊은 진료기록과 사육주의 가족에

대한 진료기록 등을 연계해보면 그러한 성향을 찾아낼 수도 있을 것이다.

다음은 동물학대와 다른 사람에게 가한 폭력과의 연관성이 보이는 문헌들이다.

- 반려동물을 소유하고 있으며 파트너로부터 폭행당한 41명의 여성 중, 거의 절반이 파트너가 반려동물을 위협하거나 실제로 상해를 입혔다고 보고했으며, 4분의 1 이상은 반려동물에 대한 폭행우려로 폭행을 한 파트너를 떠나거나 머무는 결정에 영향을 미쳤다고 보고했다[7].
- 반려동물이 있는 여성 중 폭행당하여 보호소를 찾은 46.5%는 폭행자가 여성의 반려동물에게 해를 주거나 실제로 해를 입히겠다고 위협한 것으로 나타났다[8].
- 가정 폭력 대피소에 거주하는 여성은, 가정 폭력을 경험하지 않은 여성에 비해 11배나 더 많이 파트너가 반려동물을 다치게 하거나 살해한 것으로 보고되었다. 반려동물에 대한 위협적인 손상도 4배 이상 높았다. 소수의 여성들은 반려동물의 복지에 대한 우려때문에 피난처를 더 빨리 찾지 못했다고 보고했다[9].
- 아동학대가 발생한 53가구에서 동물에 대한 치료를 조사했다. 반려동물 소유권의 패턴, 반려동물에 대한 태도 및 수의학적 치료의 질은 일반 대중의 데이터와 크게 다르지 않았다. 그러나 가족에 의한 반려동물 학대는 60%의 가구에서 발생했다. 동물학대가 나타난 가구는 정상 가구보다 더 어린 반려동물을 기르고 싶어하였고, 수의학적 치료 수준이 낮으며, 관리에 대한 갈등이 더 많은것으로 나타났다. 아동학대와 관련된 48가구를 조사해본 결과 40%는 신체적으로, 10%는 성적으로 학대받았으며, 58%는 방치된 것으로 조사되었다. 이 중 반려동물을 가진 가구를 조사해보니 신체적 학대가 일어난 가구 중 88%의 가구에서 동물학대도 같이 발생하였다[10].

7　Faver, C. A., & Strand, E. B. (2003). To leave or to stay? Battered women's concern for vulnerable pets. Journal of Interpersonal Violence, 18, 1367-1377

8　Flynn, C. P. (2000a). Woman's best friend: Pet abuse and the role of companion animals in the lives of battered women. Violence against Women, 6, 162-177

9　Battered Pets and Domestic Violence Animal Abuse Reported by Women Experiencing Intimate Violence and by Nonabused WomenViolence Against Women Volume 13 Number 4 April 2007 354-373

10　DeViney, E., Dickert, J., & Lockwood, R. (1983). The care of pets within child abusing families. International Journal for the Study of Animal Problems, 4, 321-329

- 반려동물을 학대하는 폭행자는 반려동물을 학대하지 않은 폭행자보다 더 많은 형태의 폭력을 사용하고, 또한 경제적 통제, 정서적 학대, 고립, 남성의 특권 과시, 비난, 협박, 위험 등을 이용하여 상대방의 행동을 잘 통제하는 것으로 나타났다. 마찬가지로, 특정 통제 행동과 반려동물에 대한 학대 사이에는 비례적인 상관관계가 있다고 하였다[11].
- 가정폭력에 노출된 어린이는 폭력에 노출되지 않은 어린이보다 동물에게 잔인한 행위를 한 비율이 훨씬 높았다[12].
- 아동으로서 동물학대를 목격하거나 가해한 참가자의 약 60%는 아동 학대, 또는 가정 폭력에 대한 경험을 보고하였다[13].

---

[11] Simmons, C. A., & Lehmann, P. (2007). Exploring the link between pet abuse and controlling behaviors in violent relationships. Journal of Interpersonal Violence, 22(9), 1211-1222

[12] Currie, C. L. (2006). Animal cruelty by children exposed to domestic violence. Child Abuse & Neglect, 30(4), 425-435

[13] DeGue, S. & DiLillo, D. (2009). Is Animal Cruelty a "Red Flag" for Family Violence? Investigating Co-Occurring Violence Toward Children, Partners, and Pets. Journal of Interpersonal Violence, Vol. 24, No. 6, 1036-1056

4) 맹자의 불인지심

동물에게 가하는 잔인한 행위에 대하여 '차마 하지 못하는 마음'을 가지게 되면, 사람들은 동물과 공존하는 세계를 만들어 나갈 수 있을 것이다. 잔인한 행위를 차마 하지 못하는 마음에 대해서는 《맹자》의 「양혜왕 장구」 상7장에서 제 선왕과 맹자의 문답식 대화를 통하여 맹자가 잘 설명하고 있다.

제 선왕이 물었다. "제 환공과 진 문공의 업적을 들을 수 있겠습니까(齊宣王이 問曰齊桓晉文之事를 可得聞乎잇가)?"

맹자가 대답하였다. "공자의 제자들이 제 환공과 진 문공의 업적을 말한 자가 없었습니다. 그래서 후세에 전해진 바가 없어서 제가 들은 바가 없으나, 그만두지 말고 계속 하라고 하신다면 왕천하(王天下:어진 정치를 하여 천하를 소유하고 다스리는 것)에 대하여 말하겠습니다(孟子 對曰仲尼之徒 無道桓文之事者라 是以로 後世에 無傳焉하니 臣이 未之聞也호니 無以 則王乎인저)."

왕이 말하기를, "덕이 어떠하면 왕천하할 수 있습니까?"라고 하자, 맹자가 "백성을 보살펴주어 왕천하하게 되면 그것을 막을 사람은 아무도 없을 것입니다"라고 하였다(曰德이 何如則可以王矣잇가 曰保民而王이면 莫之能禦也리다).

왕이 말하기를, "나 같은 사람도 백성을 보호할 수 있습니까?"라고 하자 맹자가 "가능합니다"라고 하였다. 왕이 말하기를, "무슨 연유로 내가 가능하다는 것을 아십니까?"라고 하자, 맹자가 다음과 같이 말하였다. "제가 호흘에게서 들었는데, 왕께서 당상에 앉아 계실 때 소를 끌고 당하를 지나는 자가 있었습니다. 왕께서 이것을 보시고 '소는 어디로 가는가'하고 묻자 대답하기를, '장차 이 소를 가지고 종의 틈에 피를 바를 것입니다'라 하였고 왕께서는 말씀하시기를, '그 소를 풀어주어라. 나는 그 소가 벌벌 떨면서 죄도 없는데 사지로 가는 것을 차마 보지 못하겠다'

라 하셨고 대답하기를, '그러면 종의 틈에 피를 바르는 일을 폐지하오리까'라고 하였고 왕께서는, '어떻게 폐지할 수 있겠는가. 양으로 소를 바꾸어라'라고 하셨다는데, 잘 알지 못하겠습니다만 그런 일이 있었습니까(曰若寡人者도 可以保民乎哉잇가 曰可하니다 曰何由로 知吾의 可也잇고 曰臣이 聞之胡齕 호니 曰王이 坐於堂上이어늘 有牽牛而過堂下者러니 王이 見之하시고 曰牛는 何之오 對曰將以釁 鐘이니다 王曰舍之하라 吾 不忍其觳觫 若無罪而就死地하노라 對曰然則廢釁 鐘與잇가 曰何可廢也리오 以羊易之라 하시니 不識케이다 有諸잇가)?"

왕이, "그런 일이 있었습니다"라고 하자 맹자가 말하기를, "이런 마음이 바로 왕천하할 수 있는 것입니다. 백성은 모두 왕께서 아껴서 그랬다고 하지만 저는 진실로 왕께서 차마 하지 못하신 것을 압니다"라고 하였다(曰有之하니이다 曰是心이 足以王矣리이다 百姓은 皆以王爲愛也어니와 臣은 固知王之不忍也하노이다).

왕이 말하기를, "그렇습니다. 진실로 백성 중에 그런 자가 있겠습니다마는 제나라가 비록 좁고 작으나 내가 어찌 한 마리의 소를 아끼겠습니까. 바로 그것이 벌벌 떨면서 죄도 없는데 사지로 가는 것을 차마 보지 못하였기 때문에 양으로 소를 바꾸게 한 것입니다"라고 하였다(王曰然하다 誠有百姓者로다마는 齊國이 雖褊 小나 吾何愛一牛리오 卽不忍其觳觫 若無罪而就死地라 故로 以羊易之也호이다).

맹자가 말하기를, "왕께서는 백성들이 왕께서 아껴서 그랬다고 한 것을 이상하게 여기지 마소서. 작은 양으로 큰 소와 바꿨으니 저들이 어찌 그것(왕이 차마 보지 못해서 한 마음)을 알겠습니까. 왕께서 만일 그 소가 죄도 없이 사지로 가는 것을 측은해 하셨다면 소와 양을 어찌 구분하셨습니까?"라고 하였다. 왕이 웃으며 말하기를, "이것은 진실로 무슨 마음이었을까요? 내가 그 재물을 아껴서 양으로 바꾸게 한 것은 아니었는데, 백성들이 내가 아껴서 그랬다고 하는 것이 마땅하겠습니다"라고 하였다(왕 스스로가 자기가 측은지심이 발동한 이유를 정확히 모르고 있기 때문에 이러한 말을 하였다). (曰王은 無異於百姓之以王爲愛也하소서 以小易

大어니 彼惡知之리잇고 王若隱其無罪而就死地則牛羊을 何擇焉이리잇고 王笑曰是誠何心哉런고 我非愛其財而易之以羊也언마는 宜乎百姓之謂我愛也로다).

맹자가 말하기를, "(백성들이 그러더라도) 무방합니다. 이것이 바로 인을 이루는 방법이니 소는 (벌벌 떨면서 죄도 없이 사지로 가는 것을) 보았고(그래서 측은지심이 발동하였고) 양은 아직 보지 않았기 때문입니다. 군자는 금수에 대하여 그것들이 산 것을 보고는 그것들이 죽는것을 차마 보지 못하며, 그것들이 죽으면서 울부짖는 소리를 듣고는 차마 그 고기를 먹지 못하니, 이 때문에 군자는 주방을 멀리하는 것입니다(曰無傷也라 是乃仁術也니 見牛코 未見羊也일새니 君子之於禽獸也에 見其生하고 不忍見其死하며 聞其聲하고 不忍食其肉하나니 是以로 君子는 遠庖廚也니이다)."

《맹자》의 이 구절에 대한 朱子의 해설
▶ 왕이 소가 벌벌 떠는 것을 보고 차마 죽이지 못한것은 소위 '측은지심'으로써 '인'의 발단이다. 이것을 확충한다면 四海를 보호할 것이다. 그러므로 맹자가 이것을 가리켜 말씀하여, 왕이 이에 대해 살펴 알아 그것을 확충하기를 바랐던 것이다(王見牛之觳觫 而不忍殺 卽所謂惻隱之心 仁之端也. 擴而充之 則可以保四海矣. 故孟子指而言之 欲王察識於此 而擴充之也).

▶ 사람은 금수에 대하여 생존을 같이 하지만 종류를 달리 한다. 같은 생명체로 살아가지만 종류가 다르다는 뜻이다(그러므로 잡아먹을 수 있다). 그래서 쓰기를, 예로써 하고 차마 하지 못하는 마음이 (고통스럽게 죽는 것을) 보고 들음이 미치는 바에 베풀어지는 것이다(蓋人之於禽獸 同生而異類 故用之以禮 而不忍之心 施於見聞之所及).

5

동물을 식용과 실험용으로 이용하면서 생기는 잔인한 마음을 어떻게 다스려야 하는가?

동물에 대한 '측은지심'은 최근에 갑작스럽게 생겨난 새로운 경향은 아니다. 측은지심은 사람으로써 가진 인성의 발로이기 때문에 옛날부터 있었던 것이라고 생각된다. 《논어》나 《맹자》에서도 동물에 대한 배려, 불인지심, 측은지심과 같은 마음을 볼 수 있다.

이와 같이 동물을 식량이나 의복, 사역 등에 이용하면서 한편으로는 동물에 대한 불쌍한 마음을 가지게 되는 갈등을 우리는 어떻게 해결해야 할까? 크게 두 가지 방법을 생각해볼 수 있다. 첫 번째로는, 동물을 이용하는 사람들이 자신의 정서를 다스리는 방법이다. 두 번째로는, 동물에게 고통을 주지 않으면서 동물이 누릴 수 있는 복지를 생각해보는 것이다.

A. 동물을 이용하는 사람들이
자신의 정서를 다스리는 방법

1) 동물을 물체화 한다

동물에 대한 감정을 가지고 있지 않은 채 가축을 식용으로 생각하며, 노새나 말, 실험동물을 사역동물로 다루고, 밍크나 여우를 의복을 만드는 재료로 취급한다. 인간이 모든 생물의 정점에 있으므로 다른 생명체를 적절히 이용할 수 있다고 생각하며 그것이 자연의 일부라고 생각한다.

무거운 짐을 실어나르는 노새는 주인이 주는 사료 한 덩어리를 먹고 다음날이면 같은 일을 하며 일생을 보내게 된다. 돼지나 닭은 제대로 살면 20여년까지 장수한다. 그런데 도축장에 끌려온 돼지는 겨우 6개월을 살고 생을 마감한다. 육계는 33일만 살고 도계장에서 닭고기가 된다. 이러한 동물에 대해서는 특별한 감정을 가지지 않고, 다만 식량이나 의복의 재료, 실험용 동물로 보는 것이다.

2) 동물의 영혼에 대하여 의식을 치른다

구제역과 같은 악성 전염병이 동물 집단에 창궐하면 질병이 주변에 더 이상 전파되지 않도록 주변의 전염되지 않은 건강한 동물을 포함하여 수백만 마리가 생매장 당하는 경우가 빈발한다. 또한 실험동물시설에서는 동물실험이 종료된 후에 건강한 동물을 포함하여 실험에 반응을 보이는 동물이 모두 부검되어 연구재료로 이용되고 있다. 우리나라에서는 2018년에 약 350여만 마리의 실험동물이 이용되었다.

이렇듯 수많은 동물이 살처분되거나 부검되는데 사람의 마음이 편할 수가 없다. 동물을 생매장한 마을이나 실험동물시설에서는 죽은 동물의 영혼을 위로하는 진혼제나 위령제를 지낸다. 실험동물시설이나 수의과대학 등에는 위령제를 지내기 위한 수혼비獸魂碑를 세워놓은 곳이 많이 있다. 우리나라의 연구소에 있는 수혼비 중 해방 전 세워진 비석으로는, 1922년 11월 18일에 제작되어 농림축산검역본부 영남지역본부에 세워져있는 축혼비畜魂碑와, 1929년 3월 23일에 만들어진 식약처의 동물공양지비動物供養之碑가 있다. 해방 후에는 안양에 위치한 가축위생연구소에 축혼비가 처음 만들어졌다. 그 비문에는 다음과 같은 내용이 새겨져있다.

> 열 목숨 얻기 위해, 한 목숨 바친 그대 희생 빛내리.
> 넋이여 고이 잠들라.   1969. 10. 20.

이 축혼비는 故 박근식 소장의 발상으로 시작되었다고 한다. 축혼비 건립의 계기에 대해 그는 자신의 경험을 바탕으로 다음과 같은 설명을 했다고 한다.

> "실험실에서 내가 닭 하는데, 닭 하는 곳에서 연구하는데 병아리 있잖아, 요만한 거. 무슨 병이 걸렸는지 가르쳐 달라고 하는 거야. 그럼 그것을 죽여가지고 피를 채혈을 해가지고 혈청검사도 해야 하고, 피를 혈관을 찾아가지고 뽑고, 나중에 목에 있는 경추를 분리시키면 죽어요. 그런데 눈은 말똥말똥 해가지고 나를 쳐다본다고… 그 애처롭기가 짝이 없어. 이것이 하루에 한두 마리가 아니고 수백 마리씩 그렇게 하는데… 이건 안 되겠다. 이건 우리가 아무리 사람이 권력을 가지고 그 짐승들의 목숨을 거둔다고 하더라도 내가 해부하는 사람으로 봤을 때는 가슴이 굉장히 아팠어. 그래서 이것을 내 죄를 사하는 방법이 없겠느냐? 그러고 고민을 하고 있는데… 나는 그 당시에 예수도 안 믿었다고… 크리스천은 아니었다고… 아니었지만도… 해부를 하고 가져다 놓고 딱 앞에 서가지고는 묵념을 했다고… 그때 항상 생각하는게 '너는 네 목숨은 여기에서 희생되지만 너의 동료들을 위해서 한다.' 항상 마음을 기도하는 자세로 그렇게 했는데… 이건 나 혼자만 기도 할 것이 아니고… 여기 많은 실험실에서 동물들이 쥐도 죽고 돼지도 죽고 소도 죽고

> 죽이는데… 이거는 안 되겠다. 우리 연구소에 있는 사람들이 동물에 대한 생명을, 존경을 하는 마음자세를 과학자들이 가지고 있지 않으면 그 실험 결과가 아무리 좋은 것이 나오더라도 바람직하지 못하다." (박근식 박사와의 인터뷰(2009. 5)[14]

서울대학교 수의과대학 동물병원과 본관 사이에는 1978년에 제작된 수혼비獸魂碑가 세워져있다. 같은 대학 해부학교실의 故 윤석봉 교수尹錫鳳, 1925-1980는 비문碑文을 다음과 같이 썼다.

> 慰魂
> 獸禽之靈 稟性各異 靈魂如一.
> 可惜生命 義死不避.
> 爲人類福祉 同類保健 不怨天不怨人.
> 可憐其靈 爲靈默念 祝願冥福 幸須群靈 更進明界.
>
> "영혼을 위로하며
> 동물들의 영혼에 있어서 품성은 각각 다르지만 그 영혼은 모두 같다.
> 어찌 생명이 가엽지 않은가?
> 선한 죽음을 피할 수가 없구나.
> 인간의 복지를 위해, 또한 같은 동물의 건강을 위해.
> 하늘을 원망하지 말고 인간을 원망하지 말거라.
> 그 영혼을 어찌 불쌍히 여기지 않을 수 있을까?
> 그들의 영혼을 위해 묵념하고 명복을 빈다.
> 바라건대 모름지기 모든 영혼은 다시 밝은 세계로 나아가기를 바란다."

[14] 한국사회의 동물위령제를 통해 본 동물의 죽음에 대한 사회적 인식의 변화, Veldkamp·Elmer, 「비교문화연구」제17집 2호, (2011) pp. 87-124

우리나라의 많은 실험동물시설과 수의학 관련 기관에서는 매년 동물위령제를 개최한다. 그 자리에 참석하는 사람들은 만감이 교차 할 것이다. 평소에 본의 아니게 동물에게 가한 고통에 대해서 동물로부터 복수를 당하지 않도록 기원하는 사람도, 가한 고통에 대한 참회를 하며 마음을 달래려는 사람도, 또한 동물의 넋을 위로하려는 사람도 있을 것이다. 수혼제를 개최하는 기관의 입장에서는 연구자가 동물을 이용하면서 겪는 마음의 갈등에 대하여 다시 생각해보도록 하면서, 연구자나 학생들에게 동물에 대한 생명 존중과 철저한 윤리의식을 고취시키려는 목적이 있을 것이다.

3) 동물에 대한 잔인한 행위를 보거나 듣지 못하도록 격리한다

시장에서 랩으로 잘 싸여진 소고기를 보고 축사에서 기르던 소가 도축장에서 해체되어 고깃덩어리로 되었다고 구체적으로 생각하는 사람은 아마 드물 것이다. 필자가 유년기 시절에 살던 시골을 생각해보면, 마을에서 한참 떨어진 곳에 도축장이 있었고 마을 친구들과 용기를 내어 가본 적이 있다. 당시 도축하는 장면을 보지 못하도록 어른들이 필자와 친구들이 다가가는 것을 막은 기억이 난다.

도축될 동물은 「축산물위생법」에 따라 다음과 같이 처리된다.

- 도축장으로 운송된 소나 돼지는 계류장으로 들어간다.
- 계류장은 마리당 적정 사육밀도에 따라 적절한 수의 동물을 수용하며, 동물이 자유롭게 서거나 누워서 휴식을 취할 수 있도록 해준다.
- 함께 운송된 동물은 공간이 허용하는 범위 내의 동일구획 내에서 휴식을 취할 수 있도록 해준다.
- 계류사의 급수기는 동물이 용이하게 사용할 수 있도록 설치 및 운용되고, 동절기에도 항시 사용 가능하도록 한다.
- 계류사에는 온열 스트레스 관리, 오염물질 제거를 위한 분무샤워장비가 설치·운용되어야 한다.
- 동물이 안정을 취할 수 있도록 계류장 내부에는 적절한 밝기의 조명시설을 설치해주며, 유해가스의 배출을 위하여 주기적으로 환기한다.
- 아프거나 부상을 입은 동물은 격리시키고, 필요한 경우 인도적으로 기절시킬 수 있는 격리용 우리를 설치한다.
- 공격적 성향이 있는 동물은 다른 동물들과 분리하여 별도로 계류하며, 직사광선과 악천후를 피할 수 있도록 설계한다.
- 동물은 적정시간을 계류시킬 수 있지만, 12시간을 초과해서는 안 된다.
- 동물의 보정과 관련된 장비와 시설을 설계, 유지 및 관리할 때는, 의식이 있는 동

- 물에게 고통을 유발시킬 수 있는 보정방법을 사용하여서는 안되고, 또한 의식이 있는 동물의 발이나 다리를 매달아 들어 올리거나 물리적 상해를 유발하는 보정을 수행해서는 안된다.
- 닭과 오리의 경우에는 의식이 있는 상태에서 다리를 매달아 보정할 수도 있다.
- 동물을 기절시키기 전에는 사용될 기절방법에 따른 적합한 보정법으로 보정한다.
- 기절은 가축의 특성에 적합한 방법으로 최대한 신속하게 이루어져야 하며, 소는 눈의 바깥쪽 부위와 반대방향 뿔 사이의 교차점을 수직방향으로 타격하고, 돼지는 눈 바로 위의 중앙부위를 척수방향으로 타격한다.
- 최초의 시도로 동물이 완전하게 기절하지 않았거나 의식을 회복한 경우에는, 즉시 동일한 방법으로 재시도하거나 보조방법을 실시하여 동물이 신속하게 기절 상태에 이르도록 한다.

그 이외에도 최소 1.25A 이상의 전류로 뇌 부위를 2 – 4초간 통전시키는 전살법이나 CO_2 가스를 80 – 90% 농도에서 3분간 노출시키는 방법도 이용된다.

- 기절시킨 다음 동물을 방혈시킨다.
- 방혈은 신속하게 하는데, 비관통형 타격법 및 전기법을 이용하여 기절시킨 경우에는 20초 이내, 가스법을 이용하여 기절시킨 경우에는 챔버를 나온 후로부터 60초 이내에 방혈을 개시한다.
- 방혈은 최소한 한쪽 경동맥의 절단을 통하여 이루어져야 하며, 방혈 중에 동물이 죽음에 이르도록 한다.
- 방혈이 종료된 가축은 제1경추에서 머리를 몸체와 분리한다. 그리고 사지를 발목뼈와 발-허리뼈 사이에서 절단하고, 음경, 고환, 유방, 외음부를 적출하고, 가슴뼈와 치골결합을 절개한다. 그리고 흉강장기와 복강장기를 적출한다.

도축장에서 생명을 갖고 있었던 동물은 순식간에 해체되어 고깃덩어리로 바뀌

게된다. 아이들이 동물을 죽이고 해체하는 과정을 보지 못하도록 도축장에 가까이 접근하지 못하게하는 것은 동물에 대한 잔혹한 장면을 보지 못하도록 하려는 것이다. 우리나라뿐만 아니라 가까운 일본에서도 마찬가지로 도축장은 마을에서 멀리 떨어진 곳에 위치해있으며, 일반인의 눈에 띄지 않도록 작업이 진행되고 있다.

B. 동물의 고통을 덜어주며
동물이 누릴 수 있는 복지를 고려한다

1) 동물의 고통을 대하는 태도

앞서 설명한 '동물을 물체로 보거나, 동물의 영혼을 달래거나, 또는 동물에 대한 잔혹한 행위를 볼 수 없도록 격리하는 행위'는 사람들이 느끼는 갈등을 정서적으로 해결하기 위한 방안이라고 할 수 있다. 그렇다면 실제로 동물의 고통을 줄일 수 있는 방법은 어떤것이 있을까. 우선적으로는 고통을 최소화하고, 사육환경을 개선하고, 더 나아가서는 건강과 자유로운 활동을 보장한 동물복지를 고려하는 방안들이 있을것이다.

동물이 느끼는 고통을 덜어주고자 하는 생각은 많은 사람들이 공감하는 부분이다. 동물실험을 할 때는 사람을 대상으로 하는 임상시험과 동일하게 동물의 통증을 경감시키며 실험을 수행하고, 동물에 대한 수술적 처치를 할 때는 수술 전·후의 통증관리를 하여 동물이 지속적인 통증 고통에 노출되지 않도록 노력해야 한다.

「동물보호법」제3조에는 동물보호의 기본 원칙이 명시되어 누구든지 동물을 사육·관리·보호할 때에는 다섯 가지의 원칙을 준수하여야 한다고 제안하고 있다.

- 첫째, 동물이 본래의 습성과 신체의 원형을 유지하면서 정상적으로 살 수 있도록 할 것
- 둘째, 동물이 갈증 및 굶주림을 겪거나 영양이 결핍되지 아니하도록 할 것
- 셋째, 동물이 정상적인 행동을 할 수 있고 불편함을 겪지 아니하도록 할 것
- 넷째, 동물이 고통, 상해 및 질병으로부터 자유롭도록 할 것
- 다섯째, 동물이 공포와 스트레스를 받지 아니하도록 할 것

이 원칙은 동물은 신체적 통증, 또는 정신적 고통을 느끼며 동물 종 특유의 자연성을 필요로 한다는 것을 전제로 한 것이다. 「동물보호법」에서 이와 같이 동물을 대하는 기본원칙을 제시하였지만, 사람들이 동물을 대하는 마음은 항상 같지만은 않다.

❶ 첫째로, 동물에게는 인간사회에서와 같은 도덕적 지위가 없다는 생각. 동물에게는 인간 관계에서 발생하는 권리와 책임, 의무와 같은 도덕적 지위가 없을 뿐더러, 사람들은 동물이 느끼는 고통에 대하여 구제해줄 어떠한 의무도 없다고 생각한다. 동물은 식량자원, 또는 의복을 만드는 도구일 뿐이며, 인간에게 해를 주는 동물은 모두 제거해야 한다고 생각하기도 한다.

물론, 현재 많은 나라에서 동물을 학대하면 법의 처벌을 받도록 규정하고 있으므로 동물을 함부로 학대하는 사람은 거의 없을 것이다. 그럼에도 불구하고 들쥐나 비둘기와 같이 유해조수 취급을 받는 동물은 구제驅除하는 것이 좋다고 생각하기도 한다. 이 경우 들쥐나 비둘기는 생명체라기보다는 오히려 처분해야 할 물건에 불과한 취급을 받는다. 다른 예로, 토끼바이러스성출혈열[15]은 토끼가 감염되면 30시간 후부터 사망하기 시작하여 한 집단의 95% 이상이 전멸하는 무서운 바이러스이다. 1996년, 호주에서는 야생 토끼를 구제할 목적으로 이 바이러스를 산포散布하여 약 3,000만 마리가 죽였으며, 바이러스에 면역력이 생긴 토끼를 구제할 목적으로 최근에는 다른 종의 바이러스를 산포한다고 한다[16].

이러한 야생동물의 구제 방식은 우리나라에서도 되풀이되고 있다. 2019년에 야생 맷돼지는 ASF African Swine Fever; 아프리카돼지열병를 전파하는 동물로써 살처분 대상으로 지정하였다. 「야생생물 보호 및 관리에 관한 법률」은 야생동물의 보전과 보호를 목적으로 하는 법이다. 그런데 같은 법 제23조에 의하면 유해야생동물의 포획허가 및 관리 등에 따라 유해야생동물을 수렵할 수 있게 하였다. 이 조항에 따라 세계자연보전연맹IUCN에서 멸종위기 보호종으로 분류한 고라

---

15 토끼에게 발병하는 바이러스성 전염병. Calicivirus가 원인균이다.
16 (QR 참고)

니는 농작물의 훼손을 이유로 매년 10만여 마리가 사살된다. 이처럼, 인간과 식량 확보 경쟁을 하는 동물에 대해서는 동물 보호의 기본 원칙이 무시되는 것이 현실이다. 이러한 동물들에 대한 순기능을 생각하지 않는 일방적인 구제책은 결국 또 다른 문제를 야기할 가능성이 크다.

❷ 둘째로, 동물은 인간사회에서 재산적·도구적 가치가 있다는 생각. 즉, 인간에 미치는 효과에 따라 동물의 도덕적 지위가 결정되는 것이다. 예컨대, 누군가의 반려동물을 죽였을 경우 '동물'이라는 '물건'의 소유자인 주인에게 물질적·정신적 피해를 입힐 수 있으니 그러한 '강탈'행동을 하지 않는 것이다. 또한 이러한 행동으로 말미암아 동물을 학대한 사람이 부도덕해지며, 결국에는 타인에게까지 피해를 입힌다는 것이다. 이러한 생각의 기저에는 동물이 갖는 본연의 권리보다는 간접적인 권리 때문에 사람들이 동물에게 위해를 가하지 않는다는 인식이 자리잡고 있다.

❸ 셋째, 동물도 고통을 느끼며 고유하게 내재하는 도덕적 가치가 있다는 생각. 과연 동물에게도 사람에게 있는, 도덕적 사고체계와 유사한 '측은지심'이 있고, 의리가 있고, 신의가 있을까? 어떤 사람들은 동물에게도 '고유하게 내재하는' 도덕적 가치가 있으며, 따라서 인간이 동물에 대한 본연의 의무를 지켜야 한다고 생각하기도 한다. 동물의 도덕적 지위를 일부 인정할 수 있다면, 그 근거는 무엇일까? 이것은 앞서 설명한 바 있듯이[17], '도덕은 도道의 이상理想에 따라 행동할 수 있는 상태'라고 정의할 수 있다.

동물이 인간만큼 도덕적인 삶을 살고 있는지 우리는 알 수 없다. 그러나 동물 역시 감정을 갖고, 상황을 인식한다. 동물도 통증을 느끼고, 두려워하거나 즐거워하는 한편 상황 판단을 한다. 이것은 만물의 영장이라고 일컬어지는 인간과 크게 다르지 않다. 인간이 고통을 피하고 쾌락을 추구하는것과 같이 동물에게도 그러한 욕구가 있다는 사실을 인정한다면, 인간은 동물의 이해利害에 대하여 고려할 수 있어야 한다. 이것이 바로 '인'으로 대변되는 사람의 도덕적인 면이며, 동물에게 도덕적 가치를 부여할 수 있는 이유일 것이다.

---

17   I-2.-2) 항목 참고.

2) 동물에게 감정과 인지능력이 있다는 것을 어떻게 입증할 것인가?

(1) 동물의 정서

진화의 단계에서 유인원과 인간은 공통적인 조상으로부터 유래되었을 것이다. 같은 조상으로부터 진화한 인간에게서만 감정과 고뇌, 인식능력, 자기인식이 발달해왔고, 동물에게는 그러한 능력이 발달되지 않았다고 말하기는 힘들다. 인지능력을 담당하는 뇌의 해부학적 구조를 보면 동물의 뇌는 대부분 표면에 주름이 적고 크기도 작지만, 기본적인 구조는 사람의 뇌와 비슷한 점이 많이 있다. 또한 유사한 기능을 하는 신경세포도 많이 확인되었다. 물론 동물에게 있는 뇌신경세포의 고유기능이나 구성유전자가 인간의 것과 완전히 일치하는 것은 아니다.

하지만 사람이 시각적으로 사물을 투시하듯이 동물도 볼 수 있고, 사람이 맛을 느낄 줄 알듯이 동물도 맛을 느낀다. 대표적 실험동물인 마우스의 경우 통증과 고통을 느끼고, 단순할지언정 인식을 할 수 있는 뇌를 가지고 있을 것으로 생각한다. 또한 개는 사람보다 후각이 약 10,000배 이상 발달해있으며, 그 밖의 많은 동물들이 야간에도 분명한 시야로 사물을 볼 수 있는 시각능력을 가지고 있다.

사람은 많은 동물에 비해 감각적 능력이 뒤쳐진다. 그러나 인지능력은 사람이 가장 발달해있다. 인간과 마우스의 뇌를 비교 연구한 예를 보면, 모든 동물이 인간과 같은 인지능력을 가지고 있는것은 아님을 알 수 있다. 인간 대뇌피질의 세포구조와 기능을 밝히는 것은 인지 능력과 질병에 대한 감수성을 이해하는데에 있어 중요하다. 대뇌는 높은 수준의 인지 기능을 담당하고 있으며 생물학적으로도 아주 복잡한 장기이다. 사람의 뇌에는 160만개의 뉴런과 610만개의 성상세포와 같은 뉴런 이외의 세포로 이루어져있다. 인간의 뇌는 실험용으로 가장 많이 사용되는 동물인 마우스의 뇌에 비해 1,000배 이상 더 크고 세포 수도 그만큼 많다. 대뇌피질의 기본 구조와 발달과정은 포유동물사이에서 잘 보존되어있지만, 포유동물의 진화에 따라 대뇌피질 층이 확장되었고, 사람의 특정 세포들은 마우스에 비해 더 분화되어있으며, 뉴런의 구조와 기능이 관련된 유전자의 전사를 포함하는 전사 조절도 마우스와 사람사이에 큰 차이가 있다.

그런데 이와 같은 차이에 더하여 시애틀에 위치한 Allen 뇌과학연구소의 신경생물학자들은, 그 동안 단일 유전자검사에서 형태학적으로 유사하다고 생각한 마우스와 인간의 특정 뉴런들이 유전적으로 큰 차이가 있다는 것을 밝혔다[18]. 연구자들은 인간의 대뇌피질의 중간 측두엽에서 세포 유형에 대한 포괄적인 연구를 수행하기 위해 단일 핵 RNA 시퀀싱 분석법Single cell RNA-sequencing을 사용하였다. 이 방법으로 뇌의 모양과 위치가 아닌, 뉴런의 신경 전달 물질 수용체와 뇌의 다른 중요한 요소에 대하여 유전자가 발현되는 방법으로 뉴런을 분류했다.

- 연구자들은 인간 대뇌의 가장 바깥층에서 15,928개의 뉴런을 분석하여 대부분 산재되어있는 흥분성·억제성 뉴런을 발견했고, 같은 방법으로 마우스 대뇌피질을 분석해본 결과 인간의 세포 유형의 특징과 유사한 뉴런들이 마우스에서도 잘 보존되어있는 것을 알게 되었다.
- 그런데 상호 매치가 되는 유사한 뉴런들이 유전자 발현이나 형태학적으로 큰 차이를 보여주고 있었다. 특히 세로토닌 수용체에서 많은 차이를 보였으며, 이러한 결과는 포유동물에 있어서 뇌의 구조가 잘 보존되어 있음에도 불구하고 전임상 연구에서 마우스를 이용한 결과가 사람에 적용되지 않는 실패의 원인을 설명하는데에 도움이 될 것이라고 주장하고 있다.
- 연구자들은 실험 과정에서 인간과 마우스의 이러한 뉴런의 차이를 극복하기 위해서, 비인간 영장류를 이용하거나 인간 대뇌를 직접 연구하는 것이 필요하다고 강조하고 있다.
- ∴ 이러한 것을 고려해보면, 동물은 중추신경계가 담당하는 정서적인 능력과 인지 능력은 있지만 사람에 미치지 못하며, 감각은 사람보다 더 뛰어난 동물들도 있다고 생각된다.

18 Hodge, 2019, 「Nature」

동물 중에는 생리학적으로, 또는 유전학적으로 인간과 유사한 점을 가진 동물이 많다. 예를 들어, 인간과 침팬지의 유전자는 약 98%가 유사하며, 사람에게 이환되는 많은 질병이 침팬지에서도 발병한다. 또한, 동물이 보여주는 행동에서는 동물이 고통과 감정을 가지고 있다는 것을 알 수 있다. 덫에 걸린 동물을 생각해보자. 동물은 덫에 걸린 신체부분을 빼내려고 하지만 움직일수록 통증이 심하여 결국 쓰러지고 만다. 이 동물에게 사람 대상의 마취제나 진통제를 투여하면 동물의 통증이 완화되거나 사라지는 것을 알 수 있다. 이는 동물 역시 통증을 느낄 수 있음을 뜻한다. 그리고 덫에 걸렸던 동물을 풀어주면, 그 동물은 덫에 가까이 하지 않는다. 동물이 덫에 대하여 두려움을 느끼는 것이다. 통증이 신체적인 반응에 의해 일어나는 감각적인 것이라면, 덫을 두려워하는 것은 정서적인 것이라고 할 수 있다.

동물은 통증과 같은 감각과, 두려움, 즐거움, 행복감 등의 정서를 모두 가지고 있다. 지각능력은 감정을 표현하거나 느끼는 능력인데, 동물에게는 분명히 외부의 상황에 대한 지각능력이 있다.

(2) 페로몬

페로몬은 동물들이 서로 교감하는 매체로 잘 알려져있다. 마우스는 후각, 청각, 촉각, 시각 신호를 모두 이용하여 집단간 의사소통이 가능한 사회적 동물이다. 마우스의 이러한 기능에 중요한 역할을 하는 것이 바로 페로몬이며, 이는 타고난 사회적 반응을 촉진시키는 매우 중요한 화학물질이다. 페로몬을 통하여 마우스는 자신이 속한 집단을 알고, 부모를 알게 되며, 짝을 선택하게 된다. 마우스의 페로몬은 오줌, 타액, 눈물, 발바닥, 포피, 유선에서 분비된다. 오줌에 있는 주요 소변 단백질은 개체간의 우열, 친족, 성별을 확인하는 화학신호로 작용한다. 페로몬은 보습코 기관에 있는 감각 뉴런이나 후각 상피 및 비강 전단부에 위치하는 신경절에 의해 검출되며, 신경 신호가 후각 망울 층의 신경절을 거쳐 뇌로 전송된다. 이러한 페로몬은 간에서 합성되며, 수컷 마우스가 암컷 마우스보다 오줌 속으로 더 많이 배설한다. 이 페로몬 중에 'Darcin'이라는 페로몬은 암컷을 유혹하게 한다[19].

Bruce 효과는 최근에 임신한 암컷이 낯선 수컷을 만났을 때 임신 초기의 태아가 재흡수되는 것을 가리킨다. 기존의 수컷이 있다면 그러한 일이 일어나지 않는다. 그 밖에도 페로몬이 마우스의 다양한 사회적 상호작용에 영향을 미친다는 행동학적 효과가 많이 보고되어 있는데, 몇 가지 예를 들면 아래와 같다.

- 수컷의 소변이 어린 암컷에게서 사춘기의 유도를 가속화한다 (Vandenbergh).
- 수컷으로부터 분리되어 집단으로 사육되는 암컷들은 발정주기가 멈추게 된다 (Lee & Boot).
- 한 집단에서 같이 사육되는 암컷에 한 마리의 수컷을 노출시키면 발정 동기화가 일어난다(Whitten).
- 발정, 임신, 또는 수유중인 암컷이 어린 암컷의 사춘기를 가속화하고, 수컷은 발정기의 암 마우스의 냄새를 선호하고, 발정기 암컷은 지배적인 수컷의 냄새를 선호한다.
- 기생충에 감염된 수컷을 피하기 위해 암 마우스는 악취를 발산한다.
- 신생마우스는 어미 및 형제 마우스의 둥지 냄새를 선호한다.

이러한 마우스의 여러 행동을 충족시켜주기 위하여 실험동물실에서는 마우스 케이지에 둥지를 짓도록 하거나 굴을 팔 수 있는 환경, 후각을 이용하는 환경 등을 제공하기도 한다. 동물의 사육조건에 독특하고 복잡한 환경을 구축하면 향상된 감각과 인지자극뿐만 아니라 신체 활동을 용이하게 해주기 때문이다. 사람은 의사소통을 할 때 페로몬을 거의 쓰지 않는다. 더 발달된 인지기능으로 정교한 소통을 하고 있기 때문이다. 개와 고양이는 페로몬을 이용하기도 하지만 사람과 마찬가지로 발달된 인지 기능을 이용하여 사회적인 활동을 하는 것

---

[19] 소설 「오만과 편견」의 주인공 '피츠윌리엄 다아시'의 이름을 따서 명명되었다.

으로 보인다.

　개나 영장류와 같은 사회적 동물이 감각과 인지기능을 제대로 발휘하기 위해서는 적절한 사양기준이 제시되어야 한다. 특히 애완동물의 판매처 및 전시장이나 동물 관련 연구시설에서는 동물에게 적절히 운동할 기회를 주고, 필요한 공간을 제공해야 하며, 자연스러운 행동을 할 수 있도록 시설, 사육조건 등의 기준을 설정할 필요가 있다.

(3) 동물의 인지능력: 랫드와 숨바꼭질하기

술래가 도둑을 잡는 숨바꼭질놀이를 반려동물과도 즐길 수 있다. 그런데 랫드와 숨바꼭질놀이를 하는 과학자들이 있다.[20]

　포유류의 놀이에 대한 진화론적, 인지론적, 신경학적 토대는 아직 완전히 밝혀져있지 않다. 연구자들은 랫드와 함께 정교한 역할 교대 놀이인 숨바꼭질을 통하여 이러한 의문을 풀고자 하였다.

- 랫드가 놀이에 성공하였을 때 사료로 보상하는 대신, 간지럼과 같은 동물과 인간의 장난스러운 사회적 행위로 보상하였다.
- 드는 놀이를 빨리 배우고, 숨거나 찾는 역할을 번갈아 배웠다.
- 숨을 때, 랫드는 소리를 내지 않으며 투명 박스보다 불투명한 것을 선호했다.
- ∴ 뉴런 기록을 통해 숨기와 찾기에 따라 강렬한 전두엽 피질 활동이 나타나는 것을 알았고, 이 놀이가 진화적으로 오래되었을 수 있음을 알게 되었다.

연구자들은 이번에는 30평방미터의 큰 방에서 수컷 랫드와 함께 숨바꼭질을 하였다. 놀이는 랫드를 상자에 넣은 후 시작되었다.

[20] Reinhold, 2019, 「Science」

- '술래'시험에서 시작 상자의 뚜껑을 닫으면 동물이 추적자라는 신호였다.
- 실험자는 세 곳 중 한 곳에 숨어 원격으로 상자를 열고 랫드가 실험자를 찾도록 하였다.
- 실험자에 40cm 거리까지 접근하면 "찾기"로 기록하였다.
- "찾기" 후, 실험자는 랫드에게 간지럼 등의 상호적인 행동으로 보상하였다.
- 랫드를 도둑으로 지정하는 "숨기"시험에서 실험자는 상자를 열어놓고 판넬 뒤에서 움직이지 않은 채 동물이 "숨기"를 기다렸다.
- 성공적으로 숨었을 때, 실험자는 랫드를 찾아 장난스런 상호 작용을 해주었다.
- ∴ 실험에 참여한 여섯 마리의 랫드 모두 1-2주 내에 찾는 법을 배웠고, 5마리는 술래와 도둑의 역할을 모두 배웠다.

랫드가 숨바꼭질을 한 이유는 무엇일까?

첫째로, 상호 작용 보상에 의해 놀이가 이루어졌기 때문이라고 생각해볼 수 있다. 랫드가 숨바꼭질 역할을 성공적으로 하였을 때 연구자에 의해 간지럼 등의 상호작용이 발생하였기 때문에 랫드가 보상 지향적인 방식으로 행동하였고, 발견된 후 보상을 받기 위해 숨었다고 볼 수 있다.

또 다른 해석은, 랫드는 단지 놀이를 위해 숨바꼭질을 하였다는 것이다. 이 놀이를 위한 놀이 가설은 실험 중의 다양한 관찰 결과와 일치하는 것으로 저자는 주장한다.

- 첫째, 동물들이 재미있게 숨바꼭질놀이에 참여하였다. 랫드는 신속성, 목적을 가진 방향성, 힘찬 도약, 적극적인 탐색을 하였고, 실험자가 보여주는 장난스런 간지럼을 선호하였다. 랫드는 '찍찍' 소리를 내며 놀이에 참여하기를 열망했지만 20번의 시험 세션이 끝날 무렵 지쳐보였다. 이것은 발성을 거의 하지 않고 수백 번의 시험에도 지치지 않는 사료 보상 조건의 놀이와는 다른 점이 있다
- 둘째, 랫드의 행동은 의도적으로 보였다. 그들은 쉽게 발견되도록 숨는 것이 아니라 연구자가 찾기 어렵게 투명한 상자보다 불투명한 상자에 숨는 것을 선호했다.

- 셋째, 숨어있는 랫드는 발견될 때 침묵하는 경향이 있었으며, '놀이를 통해 성장한다'는 가설에 의해 예측되는 흥분상태와는 대조적이었다.
- 넷째, 발견될 때 랫드는 종종 도망가서 다시 숨었다. '놀이를 통해 성장한다'는 가설과는 달리 랫드는 다시 게임을 연장했다.

랫드의 인지능력을 확인한 연구자들은 놀라움을 감추지 못한다.

　사람들은 동물의 고통에 대해 다양한 생각을 갖고있지만, 동물이 고통을 느끼고 인식을 한다는 의견에 대하여 반대할 사람은 극히 드물 것이다. 그러나 동물을 식용, 의복, 실험동물 등으로 사용하기 위해 편의성만을 중시하여 동물에 대한 배려를 하지 않는 경향 역시 존재한다. 따라서, 인간이 느끼는 고통이나 통증을 되돌아보는 한편 동물이 사람과 같이 인지능력을 갖고 있다는 것을 생각해보면, 동물을 이용할 때 그들이 겪는 고통과 통증을 이해할 수 있을 것이다.

3) 동물들도 때로는 행복해할까

동물이 여러 유형의 감각을 갖고있을뿐만 아니라 정서적으로도 반응을 하는 감정의 동물이라는 것은 확실하지만, 어느 정도의 지각능력과 인지능력을 갖고 있는지는 쉽게 알 수 없다. 하지만 숨바꼭질놀이를 하는 랫드는 물론, 집에서 사람과 함께 사는 개를 보면 그 답을 어느 정도 찾을 수 있지 않을까? 주인이 집에 돌아오면, 개는 가장 먼저 달려와서 꼬리를 흔들며 반겨주고 짖는다. 주인이 맛있는 고기라도 한 점 가져오면 기뻐서 어쩔 줄을 모르며 주인을 더욱 좋아하게 된다. 그런데 주인이 강아지를 반겨주지 않으면, 개는 마치 주인의 기분을 파악했다는 듯 슬며시 다른 곳으로 도망간다. 주인이 술을 마시고 들어오면 술주정을 대비하듯 피하기도 한다. 이러한 행동은 개가 외부의 상황을 인식할 수 있다는 것으로 볼 수 있다.

야생의 사자가 먹이를 사냥하기 위하여 집단으로 행동하는 것은 상황에 대한 고도의 인식을 한다는 뜻이다. 갇혀 사는 동물원의 동물들은 야생에서 자유롭게 사는 동물의 행동 중 일부만을 표현한다. 생존 경쟁을 하는 야생에서, 동물은 여러 상황을 이해하고 대처할 수 있는 방안을 스스로 생각해내야 한다. 따라서 야생동물은 사육동물보다 다양한 행동 양상을 보인다.

우리는 인간과 관계를 가지는 동물을 육지에 사는 척추동물, 그 중에서도 포유동물로 한정하는 경향이 있다. 그러나 고래와 같은 수중 포유류는 물론 경골어류 및 상어 등의 연골어류도 감각은 물론 외부의 상황에 지각반응을 하는 것으로 알려져 있다. 예컨대, 문어는 적대감이 있는 사람을 경계하지만 가까운 사람 앞에서는 몸 색깔이 변하며 경계를 푼다. 또한 수관으로 물을 뿜어 놀이 행동을 하거나 조개껍데기를 도구처럼 이용하며, 포식자 앞에서는 몸을 숨기고, 먹이를 앞에 두고 매복한 후 공격한다. 이러한 이유로, 영국에서는 문어를 포함한 모든 포유류와 조류에게 신경생리학적 기반을 둔 의식체계가 있다고 보고, 문어를 동물보호의 대상에 포함시켰다[21].

---

[21] 스위스 「동물보호법」의 경우, 살아있는 가재를 끓는 물에 넣어 요리하는 관행을 금지시켰다.

사람들은 오랫동안 동물을 식량이나 의복의 원료 등으로만 생각해왔기 때문에, 동물에게 이러한 생존과 번식 등의 본능뿐만 아니라 유희를 위한 지각력, 인식능력 역시 있다는 것을 알면 놀라게 된다. 앞으로도 동물의 행동학적·생리학적 연구 결과를 토대로 더 많은 동물 종에 대한 이해의 폭이 커질 것으로 생각된다.

이러한 지각능력은 과연 어느 생명체에게, 그리고 얼마나 발달해있는 것일까? 파리나 모기 등의 곤충도 자세히 살펴보면 감각적인 행동을 하는것을 볼 수 있다. 그렇다면 식물에게도 그러한 감각이 있는 것이 아닐지 의문이 든다. 식물 앞에서 음악을 재생할 경우 꽃이 잘 피고 열매도 잘 열린다는 주장을 할 수 있겠지만, 그렇다고 하더라도 식물이 듣기 좋은 음악과 그렇지 않은 음악을 구별한다고 생각할 수는 없을 것이다. 식물이 음악의 진동에 의해 잘 자라고 열매가 잘 열리는 것은 정서나 인식, 도덕심과는 거리가 있다.

지금까지 살펴본 바와 같이 대부분의 생명체는 외부환경에 대하여 반응하는데, 동물이나 곤충의 반응 양상이 인간이 반응하는 방식과 어떠한 차이가 있는지를 생각해보아야 할 것이다.

- 사람은 감각과 정서를 이용해 외부상황을 인식하고, 스스로에 대해 자아인식을 하며, 도덕심을 바탕으로 사회활동을 한다.
- 말라리아 원충과 같은 하등동물 중에는 포유동물이 갖고있는 정도의 감각은 있으나 정서가 없으며, 감각을 느끼는 측면에서 곤충 수준의 생명체보다 조금 더 진화한 동물도 있다.
- 포유동물은 양서류, 파충류, 어류보다 더욱 예민한 감각을 갖고 있고, 정서를 느낄 수 있으며, 외부 환경에 대해 인식한다.
- 고릴라, 침팬지, 오랑우탄 등의 대형 유인원의 경우, 사람 정도의 도덕심을 갖고 있는지는 분명하지 않지만 자아인식이나 외부상황에 대한 인식, 정서, 감각을 갖고 있는 동물이다.[22]

22 마이클 토마셀로, 「도덕의 기원」

많은 동물들이 외부환경에 대한 단순 인식을 넘어서 자아인식을 하는지에 대해 심리학자들이 거울 실험을 통하여 연구한 결과, 오랑우탄과 침팬지는 거울에 비친 자신의 모습으로 자아인식을 할 수 있는 가능성을 보였다.

　과연 동물이 어느 정도 수준의 인식능력을 갖고 있는지를 밝혀내는 것이 인간이 풀어나가야 할 숙제일 것이다.

4) 동물은 도덕심을 갖고 있는가?

(1) 헌트 소위

흑인이 백인보다 게으르고, 여성이 남성보다 감정적이며 육체적 약자이기 때문에 사회 활동 능력이 제한적이라는 차별의식은 언제나 있어왔다. 이러한 차별을 인식하게 된 현대사회에 이르러서는 차별에 대한 개념이 확장되어 종차별에까지 이르게 되었다. 물론 현대에는 성차별과 종차별을 극복하고자 하는 노력들이 곳곳에서 보여지고 있다. 그러나 사람들은 여전히 대부분의 동물이 인간과 비슷한 천성天性을 갖고 태어났을지라도, 인간과는 달리 인의예지신仁義禮智信과 같은 도덕심을 유지하지 못한다고 섣불리 단정하기도 한다.

하지만 도덕적인 관점에서 볼 때, 동물이 사람보다 더 나은 경우도 있다. 동물보다 더 잔인한 살인마가 있는가 하면, 살신성인殺身成仁의 정신으로 부대원들을 구하기 위해 목숨을 바친 헌트 소위와 같은 군견[23]도 있다. 이러한 예를 보았을 때, 도덕심에 기반을 둔 생명의 가치를 사람과 동물 각각의 개체가 아닌 종을 대표하는 입장에서 다루는 것은 문제가 있다고 생각된다. 생명의 가치는 한 집단에 소속되어있는 각각의 개체에 대한 도덕적 가치에 비중을 두어야 한다. 그러면 군견이었던 헌트 소위의 생명의 가치는 어떤 집단에서 평가받아야 하는가? '개'라는 동물 종의 집단에서 평가받아야 할까, 아니면 사람과 함께 집단을 이루어 살고 있었으니 그 사람들이 속한 집단 내에서 평가받아야 할까?

생명을 유지시키고자 하는 의지와 살아가면서 열망을 이루려는 노력을 생명의 가치로써 판단한다면, 그것들을 이루어내는 능력이야말로 그 판단의 기준이 될 수 있다. 만일 어떠한 사람이 자신의 생명에 대하여 자포자기自暴自棄하거나 살면서 무엇인가 이루고자하는 욕구가 없다면, 살기 위해 노력하는 동물보

23 육군 제21사단의 탐지견 '헌트'는 북한 정권이 대남 공격용으로 조성해놓은 제4땅굴에 대한 수색작전을 수행하던 중, 북한군이 설치해놓은 지뢰의 위치를 대원들에게 알려주기 위해 전진하다가 수중의 다른 지뢰를 밟고 산화하였다. 이 덕분에 1개 분대의 국군이 목숨을 건질 수 있었다. 국군은 이례적으로 개에게 훈장 수여 및 장교의 계급을 추서하였다.

다도 생명의 가치가 적지 않을까? 이에 더하여 헌트 소위의 경우처럼 이러한 노력이 자기 자신이 아닌 자신이 속한 집단 전체로 확장되어 나타난다면, 그 생명의 가치는 평범한 사람보다 오히려 더 크다고 볼 수도 있다. 사람에게 있는 측은지심惻隱之心이라는 도덕심과 맹자가 말한 친친인민애물親親仁民愛物이라는 차등애差等愛가 과연 사람에게만 있는 것인지 반문해보게 된다.

(2) 랫드의 자비심

동물은 영혼이 없는 기계일까? 데카르트는 그렇다고 주장하였다. 그러나 과학적 입증을 통하여 동물이 기계보다 훨씬 더 복잡한 사고능력을 가지고 있다는 사실은 이미 오래 전에 알려졌으며, 다음과 같은 연구 결과나 고전 문헌을 보면 동물에게는 분명 단순한 인지기능을 뛰어넘은, 도덕심과 같은 인식능력이 있음을 할 수 있다.

- 일본의 과학자 Sato는 랫드가 동정심을 갖고 곤궁에 처한 같은 케이지에 있던 다른 랫드를 돕는지를 실험하였다. 물에 빠져 고통스러워하는 랫드를 같은 케이지에 사는 동일한 종의 다른 랫드가 돕는지에 대한 연구였다.

- 첫 번째 실험 결과, 같은 케이지에 사는 랫드가 물이 채워진 구역에서 안전한 지역으로 통하는 문을 열어주어, 물에 갇힌 랫드를 구해주는 방법을 재빠르게 터득한다는 것을 알게 되었다. 추가실험에서는, 같은 케이지에 살던 랫드가 고통스러워한다는 것을 보여주기만 해도 다른 랫드가 안전지역으로 향하는 문을 빠르게 열어준다는 것을 알게 되었다. 또한 랫드는 몸이 물에 젖는 것을 싫어하며, 물에 젖어본 경험이 있던 쥐가 그러한 경험이 없던 쥐보다 같은 케이지에 살던 랫드를 위하여 안전지대로 향하는 문을 더 빨리 열어주었다.

- 두 번째 실험의 결과, 같은 케이지에 살던 랫드가 고통스러워하지 않으면 다른 랫드가 문을 열어주지 않는다는 것도 알게 되었다.

- 세 번째 실험에서는, 랫드가 물에 빠져 고통스러워하는 같은 케이지에 살던 랫드를 돕기 위하여 그 쪽 문을 열어줄지, 아니면 사료를 먹을 수 있는 방 쪽의 문을 열지를 실험하였다. 그 결과, 랫드는 문을 여는 방법에 대한 학습 여부와 관계없이, 고통스러워하는 랫드를 도운 다음에야 사료를 먹으러 갔다.

이 실험 결과는, 고통스러워하는 다른 랫드를 돕는 가치가 사료를 보상받는 가치보다 랫드에게 더 크게 작용했다는 것을 의미한다.

어떤 사람은 자신에게 불이익이 있음에도 불구하고 다른 사람에 대하여 도움을 베푼다. 이러한 행위를 친사회적 행동이라 할 수 있다. Sato는 그의 연구 결과로부터 랫드가 친사회적으로 행동하며, 도움을 주는 랫드는 동종의 같은 케이지에 살던 랫드에 대하여 동정심과 같은 감정을 갖고 곤경에 빠진 랫드를 돕는다고 주장하였다[24].

동물들이 같은 종끼리, 심지어는 다른 종으로부터도 교감을 느끼고 그와 관련된 행동을 하는 경우를 우리는 많이 볼 수 있다. 「동물보호법」 제8조에서는 같은 종류의 다른 동물이 보는 앞에서 그 동물을 죽이는 행위를 금지하고 있다. 이것은 옆에서 죽어가는 동종의 동물을 보는 동물들이 공포감과 무력감을 느끼기 때문인 것이다. 설치류는 사람들의 가청범위를 벗어난 주파수로 소통을 하거나 페로몬과 같은 화학물질로 교감을 하고 있다. 때로는 이미 알고 있는 사실을 입증하기 위하여 실험동물들에게 과도한 스트레스를 주는 행동 관련 연구도 하지만, 과학자들은 우리가 보거나 들을 수 없는 동물들의 행동에 대하여 흥미를 갖고 동물들을 이해하고자 노력 중이다. 랫드도 동정심이나 자비심을 갖고 동료의 생명을 구하려고 노력한다고 생각하면, 실험용 사육상자에 갇힌 랫드가 반려동물처럼 보일지도 모른다.

---

[24] 다음 논문을 참고하였음: Nobuya Sato et al. Rats demonstrate helping behavior toward a soaked conspecific. Anim Cogn (2015) 18:1039-1047

(3) 갈매기와 기심(機心)

杜甫두보는 「旅夜書懷[25]여야서회」라는 시에서 자신을 갈매기에 비유하였다.

> 細草微風岸(세초미풍안)
> - 가는 풀 자란 미풍이 부는 언덕에
> 危檣獨夜舟(위장독야주)
> - 높은 돛대에 홀로 밤배를 타는데
> 星垂平野闊(성수평야활)
> - 별들이 드리워진 넓은 들판은 드넓고
> 月湧大江流(월용대강류)
> - 달이 솟아오르는 양자강은 흐른다
> 名豈文章著(명기문장저)
> - 이름을 어찌 문장으로 드러내겠는가
> 官因老病休(관인노병휴)
> - 늙고 병들어서 관직을 그만두었다
> 飄飄何所似(표표하소사)
> - 이리저리 떠도는 내 신세 무엇과 같은가
> 天地一沙鷗(천지일사구)
> - 천지간에 한 마리 모래톱가의 갈매기 같구나

우리나라에서는 황희黃喜가 경기도 파주에 반구정伴鷗亭을, 한명회韓明澮가 서울 압구정에 압구정狎鷗亭이라는 정자를 지어 갈매기와 가까이하고자 하였다. 갈매기는 기심機心을 알아차리는 동물로, 갈매기를 가까이하는 사람은 자신이 기심을 갖고 있지 않은 망기인忘機人이라는 것을 뜻하고자 하는 것이다. 기심機心

---

25   '떠도는 밤 회포를 쓰다'는 의미.

은 기계를 이용하려는 마음처럼 상대를 이용하여 이득을 취하려는 마음으로 《장자莊子》의 「천지편天地篇」에 나오는 이야기이다.

갈매기가 기심을 알아차리는 동물이라는 이야기는 《열자列子》의 「황제편黃帝篇」에서 볼 수 있다.

바닷가에 사는 사람 중에 갈매기를 좋아하는 사람이 있어서, 매일 아침 바닷가에 가서 갈매기를 따라 놀았는데 갈매기가 이르는 것이 백으로 세어도 그치지 않았다. 그 아버지가 말하였다. '내가 듣기에 갈매기가 모두 너를 따라서 노는데 네가 잡아와 봐라. 내가 그것을 가지고 놀겠다'. 다음날 바닷가에 갔는데 갈매기가 춤추며 내려오지 않았다(海上之人有好鷗鳥者, 每旦之海上從鷗鳥游, 鷗鳥之至者百住而不止, 其父曰「吾聞鷗鳥皆從汝游, 汝取來, 吾玩之」明日之海上, 鷗鳥舞而不下也. 故曰; 至言去言, 至爲無爲; 齊智之所知,則淺矣).

갈매기는 아들이 자신들을 잡으려고 하는 機心이 있다는 것을 알아차린 것이다. 機心을 알아차리는 갈매기와 해오라기[26] 鷗鷺忘機같은 동물이 있는가 하면, 비글과 같이 실험용 물질을 투약하러 오는 연구자를 반갑게 맞이하는 동물도 있다. 사람도 마찬가지이다. 기심을 알아차리지 못하고 있다가 크게 낭패를 보는 사람도 있고, 닥쳐올 문제에 대해 미리 대비하는 사람도 있다.

26 구로망기.

C. 동물복지의 실현

주지하다시피 동물은 감정을 느끼고, 때로는 사람처럼 배려심을 보일 줄도 안다. 우리는 동물이 느끼는 고통을 덜어주는 데에서 그치는 것이 아닌, 동물과 함께 행복하게 공존할 수 있는 방안을 찾는 것이 필요하다. 그 방안이 바로 동물복지이다. 동물복지는 동물이 무엇을 원하는지 정확히 판단하고 동물의 현재 복지 상태를 평가하는 데에서부터 출발한다. 인간의 관점만으로 동물을 의인화·인격화하여 실행하는 동물복지는 동물에게 오히려 불편함만을 가져다 줄 수 있다.

  동물복지를 실현하기 위해, 동물과 직접 접촉하는 사육자는 동물의 주거환경과 특성을 고려해야 한다. 사육자는 동물에 대한 생물학적 지식, 행동학적 관찰능력 및 동물에 대한 공감능력이 구비되어있어야 하며, 동물이 사는 환경은 사육장의 조도, 온도, 습도, 풍속, 청결도, 바닥의 재질, 급이, 급수의 질적 수준 등이 적절하게 설정되어야 한다. 개별적 동물에 대한 이러한 입력요인을 기준으로 동물들이 처한 복지수준을 평가할 수 있으며, 동물들이 집단사육되고 있는 경우에도 이러한 기준을 토대로 복지환경을 조성할 수 있다. 또한 동물의 생물학적 특성 역시 복지를 평가하는데에 있어 중요한 고려 요소이다. 농장 동물의 경우 사회적 행동, 품종, 연령, 성 등을 고려하여 기후, 토양 및 기타 자연환경에 적합한 동물을 선택하여 사육하는것이 동물에게 주는 고통을 줄이는 방법이다.

  이와 같이 사육자가 구축한 환경, 동물의 생물학적 특성 등을 기준으로 동물의 복지 상태를 정량화하고 개선할 수 있다.

1) 동물의 복지상태를 평가하는 방법

동물의 기본적인 복지상태는 '동물의 생존권'이라고 할 수 있는 '다섯 가지의 부재'로 평가할 수 있다. 「동물보호법」 제3조에 명시되어있는 다음의 '다섯 가지의 부재'에 대하여 항목 당 0 – 10점까지 점수를 매겨 개별적으로 사육되는 동물이나 집단사육되는 동물에 대하여 적용해볼 수 있다.

❶ 동물이 본래의 습성과 신체의 원형을 유지하며 정상적으로 살고 있는가?
❷ 동물이 갈증 및 굶주림을 겪거나 영양이 결핍되어있지 않은가?
❸ 동물이 정상적인 행동을 표현할 수 있고 불편함을 겪지 않고 있는가?
❹ 동물이 고통,상해 및 질병으로부터 자유로운가?
❺ 동물이 공포와 스트레스를 느끼지 않고 있는가?

점수를 정확하게 매기기 위해서는 위와 같은 각 항목의 고통에 대해 문제점을 파악해야 하며, 그것을 정량화하기 위한 방법을 생각해야 한다.

고통에 대하여 문제점을 파악하는 대표적인 방법은 동물을 관찰하거나 생리학적 수치의 변화를 측정하는 것이다. ▶동물이 받는 고통의 정도를 행동관찰이나 생리학적 지표를 이용해서 결정한 후, ▶그러한 고통이 지속되는 시간을 측정하고, ▶한 집단에서 그와 같은 고통을 받는 개체수를 확인하여 개별사육되는 동물이나 집단사육되는 동물의 고통 정도를 판단할 수 있다. 이보다 한 걸음 더 나아가서, 동물이 몇 가지 자원 중에서 그들의 기호성으로 선택하는 것이 무엇인지 알아보고 그것을 동물에게 제공해주는 방법도 있다.

한편, 동물들도 열심히 일하고 노력하여 보상을 받으려는 행동을 보이기도 한다. 이러한 것은 동물의 생리학적 요구나 정신적인 요구를 충족시키기 위한 것이므로 동물들이 가장 강하게 바라는 것일 가능성이 크다.

동물의 복지를 고려할 때 동물을 고통에서 해방시키는 것에 그치지 않고, 동물이 강하게 원하는 것을 알아차리고 그것을 적극적으로 제공해주는 것이 필요하다. 동물복지를 평가하고 동물에게 무엇을 해주어야 할지 알아내는 방법은 다음과 같다.

(1) 첫째: 동물이 처한 고통의 정도를 생리학적 지표로 측정하거나 정상 행동지표를 기준으로 복지 상태를 결정한다

즉, 고통의 정도와 지속적으로 고통 받는 개체수로 복지 상태를 판단하는 것이다. 고통의 정도를 측정하기 위해서는 동물들이 보이는 고통스러운 행동이 무엇인지를 먼저 알아야 한다. 가장 쉽게 관찰할 수 있는 것은, 동물이 질병에 이환되어 활력을 잃고 신체의 일부를 정상적으로 사용하지 못하는 상태일 것이다.

- 질병에 이환되거나 정신적인 고통이 지속되면 호흡수나 심박수가 비정상적으로 빨라지거나 느려지게 된다.
- 침을 흘리거나 설사를 할 때도 있다.
- 다리를 절뚝거리거나 출혈, 염증 등이 체표나 점막 등에서 관찰되거나, 시력의 소실, 식욕 감퇴로 인한 체중 감소가 보인다.
- 체표의 윤택함이 소실되고 외부의 자극에 대한 경계심을 잃게 되기도 한다.

한 집단에서 정상적인 동물에 비하여 생산성이나 비유량, 산란 수 등이 저하될 때도 동물들이 고통을 받고 있다고 볼 수 있다. 양계장에서는 하루에 자연사되는 개체수가 대개 0.1 - 0.2%에 이른다. 이러한 자연사의 비율이 증가하면 그 지표를 고통의 정도에 포함시킬 수 있다. 동물의 고통을 판단하는 기준은 비단 집단으로 사육하는 농장동물뿐만 아니라, 연구용 실험동물이나 일반 가정의 반려동물에게도 적용해볼 수 있다. 고통의 지표를 고통이 심한 항목별로 각각 등급을 매겨 점수화할 수 있다.

고통의 정도를 평가하는 예를 들어보자.

- 양을 한 평의 공간에 가두어 놓고, 바깥이 보이게 가둔 상태와 보이지 않도록 가둔 상태를 비교해 본다.
- 밖이 보이는 곳의 양은 1분에 1번 이하로 우는데에 비해, 밖이 보이지 않도록 한 곳에서는 1분당 5번 우는 것으로 나타났다.
- 심박수를 측정해보니 밖이 보이지 않는 곳에 가둔 양은 정상보다 분당 25회 이상이 증가하였고, 밖이 보이는 곳에 가둔 양은 2회 정도 증가하였다[27].

이와 같이, 동물이 정상적인 상태일 경우 보이는 생리학적 반응과 행동이 고통을 가했을 때는 다르게 나타나는 것을 알 수 있다. 그렇다면, 고통이 지속되는 시간은 어떻게 측정할까?

- 양이 다리의 상처에 의해 통증으로 잘 걷지 못하면 상처 주변 부위에 약간의 자극이 가해져도 민감하게 반응한다.
- 양의 아픈 다리에 '정상적인 양이 반응을 보이는 자극의 반 정도'의 세기로 자극을 주었을 때 아픈 양은 민감하게 반응한다.
- 파행을 보인 후 3개월이 지났을 때에도 이러한 약한 자극에 반응을 보인다면 아직도 양은 다리에 통증을 느끼고 있다는 것을 알 수 있게 된다.

이와 같은 방법으로 고통의 지속시간을 평가할 수 있다[28]. 집단으로 사육되는 양 목장에서 파행을 보이는 양의 숫자가 얼마나 되는가를 측정하여 파행의 정도와 지속시간, 그리고 파행을 보이는 동물의 마릿수를 계산하여 한 집단의 동물이 느끼는 고통의 정도를 계산할 수 있다. 이와 같이 산출된 고통의 정도에 대한 척도는 파행과 같은 임상적인 지표뿐만 아니라 다양한 행동학적·생리

[27] Baldock & Sibly, 1990
[28] Ley et al. 1995

학적 지표로 이용할 수도 있을 것이다.

또한, 행동관찰로부터 동물의 행복을 평가할 수도 있다. 가족 중에 자신을 돌봐주는 사람만 따르고 다른 구성원을 공격하는 개는 행복한 일상을 보내고 있는 것일까? 행복하다는 것은 만족하여 기쁜 것이다. 예컨대, 사람의 행복에 대한 척도는 복잡하다. 사람은 신체적·정신적 건강을 유지하고 자유로운 활동을 보장받으며, 지적 활동이 가능하고 권력이나 여분의 부를 확보하면 행복해한다. 그러나 동물들에게는 사람이 행복해하는 조건이 모두 갖춰져야하는 것은 아니다. 단지 신체적이나 정신적 고통이 없는 상태를 유지하는것이 필요하고, 이에 더해 종 특유의 행동을 하는 자연성을 보장해주는 상태라면 행복한 것이다.

그렇다면 동물들이 행복한지의 여부를 어떻게 판단할 수 있을까? 동물의 행동을 관찰하고 동물복지 상태를 정량화하여 행복을 평가하는 방법이 있다. 동물은 주위의 많은 자극을 분석하여 그들이 선택한 것을 행동으로 나타낸다. 예를 들면, 강아지의 숨겨진 자연적 행동을 드러내게끔 하기 위하여 공간 제약이 없는 야외에서 다른 강아지와 만나게 해볼 수 있다. 이러한 환경에서 자신의 강아지가 어떠한 활동에 얼마나 많은 시간을 보내는지 관찰한 후에 제한된 공간인 집에서 보이는 행동을 비교해보면, 아마도 집에서 보이는 행동은 자연 상태에서 보이는 행동의 50%에 미치지 않을 것이다. 동물에게 그들 특유의 자연적 행동을 보장해준다는 것은 동물의 신체적, 정신적 고통이 없도록 하는 것만큼이나 중요하며, 자연성을 보장해주지 않았을 때에는 스트레스에 의한 질병이 발생할 수도 있다.

동물 특유의 자연성을 제한하는 일은 농장동물이나 야생동물에게서도 많이 볼 수 있다. 곰을 가두어 놓고 재주를 부리게 하는 제한된 시설에서는 자연 환경에서 사는 곰이 보이는 나무타기나 먹이를 탐색하는 행동을 볼 수 없으며, 이 곰들은 관광객이 주는 과일을 받아먹으며 무료한 시간을 보낸다. 방목하는 농장에서 사육하는 돼지는 무료하게 보내는 시간이 거의 없이 다양한 종류의 행동을 보인다. 땅속에 있는 구근류 찾기, 숲 속으로 이동하여 먹이 찾기, 다른 돼지와의 관계 갖기, 진흙 속에서 토욕하기와 같은 행동을 보여준다. 반면에 철제 스톨에 갇혀있는 돼지는 토욕이나 땅속에 있는 먹이 탐색을 할 수 없고 다른 돼지와의 접촉도 하지 못한다. 하루 종일 서있거나, 엎드려 있거나, 자거나, 사료를 먹거나 스톨을 핥는 것 외에는 할 일이 없다. 스톨에 갇힌 돼지는 돼지 특유의 자연적인 모습을 전혀 나타낼 수 없기 때문에 방목한 돼지에 비해 복지 상태가 나쁘다는 것을 의미하고 있다. 이처럼 제한된 환경에서는 행동 역시 매우 제한되어있고 동물은 행복하지 못하다.

한편, 동물의 일상을 지켜보는 것만으로는 어떤 종류의 제한요인이 동물의 행복에 영향을 미치는지 알기 힘들다. 따라서 동물이 특정 항목에 대해 선택하는 행동이나 적극적으로 무언가를 얻기 위해 취하는 행동을 관찰한 후, 그 결과에 따라 동물이 선호하는 환경을 조성해주면 동물들은 행복해할 것이다. 더 나아가서, 동물이 불쾌한 자극으로부터 피하기 위해 노력하는 행동을 관찰하여 동물의 행복지수를 높이는 방안을 강구할 수도 있다. 동물이 보이는 행동, 공포심, 신체적 질병, 파행, 폐렴, 번식력, 성장률, 심박수, 코티졸Cortisol 수준 등의 지표를 확인하고, 그러한 지표, 나타나는 경과 시간, 동물 수 등을 관찰하여 한 동물 집단의 행복지수를 정량화할 수도 있다.

반려동물이 보이는 행동 중 특이하다고 생각되는 행동은, 정형적인 반복행동과 같은 이상행동을 제외한다면 대부분 자연 상태에서 보이는 행동일 수 있다. 이러한 행동을 사람의 심미감에 맞추기 위해 강제적으로 교정한다면 반려동물로부터 그들의 자연성을 빼앗는 결과가 될 수도 있다. 우리가 이해하기 힘든 반려동물의 행동이 어디에서 유래하였는지 정확히 판단하고 그 근원을 이해하는 것이 동물의 행복한 삶과 인간과의 공존에 중요할 것으로 생각된다.

(2) 둘째: 여러 자원 중 동물이 선택하는 것을 알아내어 제공해주면 동물은 행복하다

동물들도 선택을 한다. 자연환경에서의 동물은 주변의 많은 자극에 대해 판단하고 반응하여 가장 적절한 행동을 보이게 된다. 사육되고 있는 동물의 행동을 같은 종의 야생상태, 혹은 자연성이 보장된 동물이 보이는 행동과 비교하여 관찰하고, 한편으로는 동물이 선택하는 것을 파악하여 대상 동물의 복지상태를 정량화할 수 있다.

그런데 이러한 다양한 행동은 동물의 경험, 연령, 임신 등의 생리학적 상태와, 종이나 품종과 같은 타고난 천성에 따라 각각 다르게 나타난다. 이와 같이 동물이 보이는 수많은 행동을 관찰할 때는 다양한 상황과 연계해서 파악해야 하므로, 특정 행동을 동물이 선택한 일관된 행동 양상이라고 판단하기에는 어려움이 있다.

따라서 특정 상황이나 물질에 대해 동물에게 선택권을 주고, 그에 대한 행동을 관찰하여 동물이 제공된 자원 중에서 무엇을 원하는지 아는 것이 행동관찰 방법보다 더 정확할 수 있다. 예를 들면, 평사에서 사육하고 있는 닭에게 콩 부대 둥지와 평평한 바닥을 제공하고 어느 쪽으로 닭이 많이 가는지를 관찰해보면 닭이 선택하는 성향을 알 수 있다. 닭이 콩 부대 둥지 쪽으로 더 많이 가서 그 곳을 인지하고 들어가서 쉬는 것을 좋아한다면, 닭 사육장을 평평한 바닥만으로 설치하기보다는 콩 부대 둥지를 이용할 수 있는 환경을 제공해주는 것이 더 좋은 선택이 될 것이다.

집에서도 반려동물이 양자택일이나 취사선택을 하도록 시험해볼 수 있다. 예컨대 개의 경우, 지금까지 주던 사료와 다른 것(예를 들면, 행사 사은품 등으로 받은 사료)을 주면 먹지 않을 수 있다. 시판되는 여러 종류의 사료를 나열해 놓고 개에게 선택권을 주면 개가 좋아하는 사료가 어떤 것인지 알 수 있다. 개도 나름대로 좋아하는 사료가 있다는 것을 알 수 있는 대목이다. 그러나 이러한 시도를 단 한번만 하여 반려동물이 좋아하는 사료를 알아내기에는 무리가 있다. 다양한 환경적 요인과 생리학적 상태의 변화에 따라 식성이 변할 가능성이 있기 때문이다. 동물에게 수일에 걸쳐서 매 끼마다 이러한 시도를 해보고 평균적으로 더 많이 먹는 사료를 택하는 것이 좋을 것이다. 사료뿐만이 아니다. 좋아하는 놀이, 선호하는 생활환경조건, 편안한 잠자리 등을 사람이 아닌 동물이 직접 선택하도록 하여 종 특유의 자연성을 살려주는 것이 바람직하다.

(3) 셋째: 동물이 원하는 것을 얻기 위해 노력하는 행동을 관찰하기

동물이 자발적으로 노력하며 무언가를 얻기 위해 선택하는 행동을 관찰한 후, 해당 환경을 적극적으로 조성해주어 동물의 복지를 개선할 수 있다. 돼지를 이용한 실험을 예로 들어보겠다.

- 임신한 돼지의 사육실을 가운데에 놓고 좌우에 각각 방을 만들어 놓는다.
- 좌측 방에는 사료를, 우측 방에는 밀짚을 넣고, 각 방문을 열기 위해 돼지가 코로 스위치를 150번 이상 누르도록 장치를 설치해 놓는다.
- 그 결과, 임신 100일째에는 돼지가 사료가 있는 방으로 들어간 횟수가 밀짚이 있는 방으로 들어간 횟수보다 1.25배 많았으나, 분만 2일 전에는 사료가 있는 방으로 간 빈도가 밀짚이 있는 방으로 간 횟수보다 4.4배 많았고, 분만 1일 전에는 사료와 밀짚이 있는 방으로 들어간 횟수가 거의 비슷한 것을 알게 되었다[29].

돼지는 분만 직전에는 사료도 중요하지만 새끼를 위한 깔짚이 필요하다는 것을 알고 있었음이 분명하다. 이러한 결과를 볼 때, 동물은 환경과 생리학적 변화에 따라 그들이 요구하는 것이 다르며, 이러한 변화에 대처하기 위해 동물들이 적극적으로 노력한다는 것을 알 수 있다. 동물들이 원하는 것을 알 수 있다면 동물의 특정 행동, 시기, 연령에 따른 고려를 하여 동물복지를 실현해줄 수 있게 된다.

의사소통이 불완전한 동물의 마음을 읽는 것은 아주 어려운 일이다. 따라서 의인화가 아닌, 동물에 대한 생물학적 지식을 충분히 이해하며 동물의 복지를 추구하는 것이 필요하다.

[29] Arey, 1992

(4) 행동에 대한 선택의 여지가 없어 비만에 걸리는 동물들

고엽枯葉이 아름다운 가을은 사람 뿐만 아니라 동물에게도 살찌기 쉬운 계절이다. 여름 내내 힘들어서 말랐던 말도 가을에는 살이 찐다. 그러나 지나치게 살이 쪄 뚱뚱해진 '비만 말'은 없다.

최근에는 사람만큼 반려동물이나 동물원의 동물들에게도 비만에 대한 대책이 필요하게 되었다. 야생에서는, 겨울에 동면하는 동물을 제외하면 야생 동물이 비만상태로 되는 일은 거의 없다. 뚱뚱한 사자가 가젤을 잡을 수 없듯이, 체중이 많이 나가면 움직이는데에 어려움을 겪고 그만큼 먹이가 줄어드므로 생존이 힘들게 되기 때문이다.

- 영국의 'Paignton 동물원'에서는 영장류의 치아건강 악화에 대한 문제를 파악하는 과정에서, 사람들이 좋아하도록 당도를 고도로 올린 과일을 시중에서 구입하여 영장류들에게 공급한 것을 그 원인으로 추정하였다.
- 그에 대한 대책으로 동물들에게 섬유소가 많고 탄수화물이 적은 사료를 공급하며, 과일을 식단에서 제외하기로 결정하였다고 한다.
- 이와 같이 식단을 바꾼 결과, 1년 이내에 치아건강문제가 크게 호전되었고, 대부분의 영장류가 정상적인 체중을 유지하였으며, 비만개체는 체중이 감소하여 정상 체중으로 회복되었고, 설사 발생율도 감소하였다고 한다.
- 덧붙여 여우원숭이와 캘리트리키드의 공격성 행동과 자해 행위가 감소된 것으로 발표되었다[30].

반려동물의 경우, 체중이 정상보다 20 - 25%를 초과하여 건강, 복지 및 삶의 질을 저해할 정도라면 비만으로 생각할 수 있다. 반려동물의 비만은 운동 부족이나 과식이 주요 원인이며, 특정 질병 때문에 비만이 유도되기도 한다. 비만은 반려동물에게 무력감과 불필요한 고통을 장기간에 걸쳐 줄 수 있으며, 동물

[30] Plowman A. 2015. Proceedings of the Eleventh Conference on Zoo and Wildlife Nutrition

들은 더욱 움직이기 싫어하게 된다. 비만은 동물복지에 심각한 영향을 주는 요소이기 때문에 예방이 필요하다. 개의 비만은 노령견, 중성견, 암컷에게서 더 흔하게 나타난다. 주인이 비만일 경우, 개를 운동시키기가 쉽지 않거나 개의 비만을 알아차리기가 힘들기 때문에 개가 비만이 될 확률이 더 높다.

한편, 개의 품종이 비만과 연관되는지는 불확실하다. 골든 래브라도 리트리버와 코카스파니엘, 퍼그는 비만처럼 보이지만 표준 체중인 경우가 많다. 비만과 관련되어 나타나는 질환으로는 심장병, 호흡곤란, 고혈압, 골관절염, 암 등이 보고되어 있다. 결국 비만은 반려동물의 삶의 질에 악영향을 주는 만성질환인 것으로 볼 수 있다.

개와 고양이의 경우 간단한 방법으로 비만 여부를 알 수 있다. 정상적인 반려동물이라면 늑골의 윤곽을 볼 수 있어야 하며 촉진이 가능해야 한다. 옆에서 보았을 때 애완동물의 배는 위쪽으로 긴장감 있도록 올라가있어야 한다. 만약 과체중이거나 비만이라고 판단되면, 특정 영양 제품을 사용하도록 하고 사료의 급이 빈도를 조절하여 식이를 조정하는 것이 필요하다. 그러나 단순히 현재 공급하는 음식의 양을 줄이는 것은 적절하지 않다. 시간이 지남에 따라 영양실조를 유발할 것이며, 어느 순간 비만이 재발할 수 있기 때문이다. 무엇보다 중요한 것은 반려동물의 운동량이다. 하루 종일 주인을 기다리며 집에서 잠만 자는 개와 고양이가 낮에도 움직이며 놀 수 있도록 방안을 구상해야 한다. 분주한 일상 생활을 하는 현대인은 반려동물의 운동에 대해 고려하지 않는 경우가 많다. 그러나 저녁식사 후 30 – 45분 정도 반려동물과 함께 동네를 걸으며 운동을 한다면, 동물의 비만을 예방할 수 있으며 동물 역시 더욱 주인을 따를 것이다.

동물도 원하는 것이 있다. 주인의 강요에 의해 동물은 본의 아니게 고통을 받을 수도, 혹은 주인의 작은 배려로 행복한 생활을 할 수도 있다.

2) 동물들의 이상 행동

(1) 동물도 싫어하는 것을 피하고 싶어한다

사람들은 두렵거나 싫어하는 것을 피하고자 노력한다. 그러한 자극이 반복적으로 가해지거나 그 자극에 대하여 과민하게 반응하면 결벽증과 같은 강박증을 보이기도 한다. 동물도 공포나 고통, 선호하지 않는 것 등에 대하여 회피하려는 반응을 보인다. 자극에 대한 반응이 지나쳐 사람이 보이는 강박증을 보이는지는 알 수 없지만, 동물에게서는 공포, 스트레스, 적절하지 않은 환경 등에 지속적으로 노출되었을 때 고정적이며 반복적인 행위 stereotype behavior가 나타난다고 알려져 있다.

호주에서는 양털을 깎기 위해 전기 자극으로 양을 움직이지 못하게 하는 기구가 수의사회의 반대에도 불구하고 1980년대에 시판되고 있었다. 당시 이러한 전기 자극으로 양에게 충격을 주었을 때 양이 자극에 두려움을 느끼고 기피하는지를 알아본 실험이 있다.

- 연구자는 ❶ 양을 보정하지 않은 그룹, ❷ 2.5분간 보정 틀에서 양이 똑바로 서있도록 물리적인 보정을 한 그룹, ❸ 일반적인 보정을 한 다음 전극을 양의 볼과 미근부에 삽입하고 30-50mA로 전기를 흐르게 한 그룹, ❹ 전극을 양의 몸에 장치하였지만 전류를 흐르지 않게 한 그룹으로 나누어 양들에게 미리 경험시킨 통로를 지나가게 하였다.
- 통로를 지나기 전에 이와 같은 보정이나 전기 자극을 매번 가하고 양이 통로를 빠져나가는 시간을 측정하였으며, 또한 양이 멈추어 있을 때는 양을 밀어서 양이 통로를 빠져나가는 시간을 측정하였다.
- 그 결과, 아무 처치도 하지 않은 그룹의 양보다 물리적 자극을 주거나 전기 자극 없이 전극을 삽입한 양들은 통로를 지나는 시간이 훨씬 증가하였다. 또한 전기 자극을 가한 양들은, 네 번째 시도부터 통로를 지나가는 시간과, 양이 멈추어 있을 때 밀어서 양이 앞으로 나가게 하는 시간 모두 다른 그룹의 양보다 두 배 이상 증가하였다.

- 리고 통로를 빠져나가려는 행위에 대한 회피 반응에 더 큰 영향을 준 것은 전기 자극을 준 시간보다 강도였다[31].

이 실험 결과로부터 알 수 있는 것은, 양도 반복적인 공포와 두려움 등 싫어하는 것에 대한 기피 반응을 보이며, 양이 전기 자극에 대해 느낀 공포와 두려움은 그러한 공포가 반복되었을 때 더욱 증가할 수 있다는 것이다. 이러한 공포, 스트레스, 강요 등이 동물에게 이상 행위를 유발하게끔 하는 요인이 될 수 있다.

개 역시 싫어하는 것을 억지로 강요하면 고정적이며 반복적인 행위를 보일 수 있다. 개가 보이는 가장 흔한 이상행동 중 고정적인 반복행위는 앞발을 핥아 피부에 궤양을 일으키거나, 날아다니는 파리를 잡으려 하듯이 반복적으로 허공을 쫓는 행동 등이다. 자신의 꼬리를 물기 위해서 같은 자리에서 계속 돌거나, 먹어서는 안될 분변이나 비닐 제품을 먹는 것도 반복적인 행위의 하나라고 볼 수 있다. 반복적인 행위가 일어나는 이유로는 환경의 무미건조함, 좌절, 지루함, 공포, 스트레스, 육체적·정신적 질환 등이 그 요인으로 추측되고 있다. 때로는 정상적인 개도 이러한 행동을 보이지만, 그것이 고빈도로 일어난다면 반복행위로 의심해볼 수 있다.

이러한 반복적인 행위는 한 번 발생하면 환경을 개선하여도 잘 없어지지 않는다. 따라서 반복적이며 고정적인 행위가 발생하지 않도록 미리 예방하는 것이 좋다. 무미건조한 환경을 개선하여 동물이 활발하게 활동할 수 있도록 해주는 것이 좋다. 스트레스를 주는 환경을 배제하고, 노력을 해서 간식을 찾아 먹을 수 있도록 하며, 장난감을 가지고 놀게 하는 한편 다른 동물들과의 교제 유도 등의 비사회적·사회적 환경 개선 프로그램이 이러한 반복 행위의 발생을 막는 방법이다.

---

[31] Rushen, 1986

(2) 동물들도 사람과 같이 강박장애가 있다

반복적이며 지속적인 사고를 경험한 강박장애 환자는 불안감이나 고통이 느껴지는 강박적 사고와, 반복적인 행동이나 반복 확인, 정리정돈이나 균형에 대한 집요한 요구 등을 포함하는 강박 행동이 특징으로 나타난다. 개도 강박적인 행동을 보인다. 그러나 개는 강박적인 사고를 어느정도 하는지 알 수 없기 때문에, 그 증상이 사람의 강박장애와 꼭 같다고 볼 수는 없다. 불테리어나 세퍼드는 자신의 꼬리를 쫓아가고, 도벨만 핀처는 옆구리 피부를 물거나 핥으며, 래브라도 리트리버는 모든 음식을 먹으려는 행동을 보인다. 그 이외에도 반복적 짖음, 허공 바라보기, 장난감 빨아먹기 등이 개가 보이는 강박적인 행동의 일부로 알려져 있다.

개가 특정한 강박행동을 보일 때 주인이 주의를 주면 그치기도 한다. 개가 주인의 주의를 끌기 위하여 강박행동을 하는지의 여부는 주인이 없을 때의 행동을 보면 알 수 있다. 강박행동을 보일 때 주인이 밖으로 나가거나 가정용 감시 카메라로 관찰하여 그 행동을 쉽게 관찰할 수 있다.

사람에 대한 강박장애의 치료는 세로토닌을 이용한 약물치료와 행동치료를 통하여 이루어지는데 그 효과가 그다지 좋지는 않다. 개의 강박장애는 행동학적 특징과 약리학적 반응, 그리고 뇌의 구조적 특징이 사람의 강박장애와 유사한 것으로 알려져있다. 따라서 이러한 강박장애를 보이는 개를 연구하여 사람의 강박장애에 대한 치료의 길을 찾으려는 연구자도 있다.

- Tufts 대학에 따르면, 매사츄의대의 Edward 박사팀이 개가 강박장애를 보이는 이유를 찾기 위하여 도벨만 핀처 70마리의 유전체 연구를 수행하였다.
- 그 결과 두 개의 유전자좌가 개의 강박장애와 밀접하게 연결되어있었다고 하였다.

    ⇒ 그 첫 번째는 염색체 34번에 위치하고 있는데 세 개의 세로토닌 수용체 유전자들을 포함하고 있었다.

    ⇒ 두 번째 유전자좌는 염색체 11번에 있는데, 사람에게서 정신분열의 위험성을 증가시키는 유전자좌와 유사성이 있었다.

이러한 연구는 2010년에 Cummings 수의과대학과 매사츄의대 연구팀에 의하여 시작되었는데, 개의 염색체 7번에 위치한 '신경캐드헤린'이라는 유전자가 사람의 강박증 발생 위험도 증가와 관련된 유전자와 일치한다고 보고하기도 하였다.

(3) 반려동물의 공격

언젠가 강원도의 한적한 산골에서 사람이 없는 공사장에 묶여있는 개를 본 적이 있다. 목줄이 나무에 걸려 거의 움직이지 못할 정도가 되어있어서 자유롭게 움직일 수 있도록 해주고, 비어있는 물 그릇에 물을 주었다. 주말마다 개가 궁금해서 가보면 상황이 변한 바가 없어 다시 사료와 물을 공급해 주었다. 다음 주말에 다시 그곳을 찾아가니 목줄이 풀려있었다. 개가 반갑다고 멀리서 달려오기에 앉아서 머리를 쓰다듬어주는데 개가 손을 핥더니 갑자기 손가락을 물었다.

개에게 물리는 사고는 예상치 못한 순간에 갑자기 일어난다. 임상수의사가 물리는 경우도 종종 생긴다. 수의사들이 동물병원에 내원한 개에게 물릴것을 염려하여 조심하는 경우도 많다. 비단 사나운 개 뿐만 아니라 평소 정신적 문제가 없어보이던 개들도 상황에 따라 사람을 공격하는 사례가 많다. 동물이 사람을 공격하는 성향은 왜 나타날까?

정상적인 개는 특정 사물이나 인간에 대해 경계심, 호기심 등에 의한 행동을 보이며, 활동범위가 폭넓고 무리의 다른 개체와의 관계도 원만하다. 또한 사람과의 관계에서도 공포감보다는 친밀감을 보인다. 그리고 스스로의 놀이를 즐길 줄도 안다. 그러나 비정상적인 동물의 경우는 활동범위가 제한적이며, 헐떡거리거나 침을 흘리고, 몸을 움츠리거나 떨며 우울한 증상을 보이게 된다. 사람에 대해서는 비정상적인 공포감을 나타내고 공격성이 증가한다. 심한 경우는 지속적인 반복행동과 이상행동을 보이는 경우도 있다.

그 원인을 찾기 위해서는 반려견과의 관계 중 동물에게 지속적인 스트레스를 주었을지도 모르는 요인을 찾아보아야 한다. 지금까지 살펴보았듯이 동물도 여러 선택지 중 가장 선호하는 것을 고르며, 더 나아가서는 적극적인 노력을 통해 목표 대상을 얻기도 한다. 동물을 의인화하여 동물에게 인간의 습성이나 기호를 강요한다면 그것은 동물에게 오히려 스트레스를 줄 수도 있다. 반려동물의 개체수가 증가하는 요즈음, 많은 반려동물들이 공격성을 보인다면 피해자뿐만 아니라 반려견과 그 소유자에게도 치명적인 것이 될 수 있다.

    우리 사회에는 공격성이 강하거나 이상 행동을 보이는 동물에 대해 치료, 혹은 교정해주는 체계가 발달되어있지 않다. 하지만 동물의 행동 교정은 값비싼 기계가 필요하거나 많은 비용이 발생하는 것은 아니기 때문에 그러한 지원체계를 정착하는데에는 큰 어려움이 없어보인다. 동물에게 고통을 주어 고정적이고 반복적인 행동이나 비정상적인 행동이 나타나지 않도록 동물의 행동학적 연구와 치료 등에 관심을 기울여야 한다.

3) 환경 풍부화

(1) 무료한 강아지

동경대 농학부 교수의 애견 '하치'는 주인을 따라 시부야역까지 매일 배웅을 나가곤 하였다. 어느 날 갑자기 주인이 뇌출혈로 세상을 떠났지만 하치는 여전히 시부야역에서 매일 주인을 기다렸다. 이 소문은 신문을 통해 세상에 알려졌고, 하치가 세상을 뜬 후 사람들은 동경 시부야역과 하치가 태어난 곳에 동상을 세워 충견의 모습을 간직하였다. 우리나라에는 '돌아온 백구'가 있다. 진도에서 태어난 백구는 대전으로 팔려갔으나 주인을 잊지 못해 7개월만에 진도로 주인을 찾아 돌아왔다.

이렇게 한없이 주인을 기다리는 강아지의 이야기는 남의 이야기가 아닌 많은 반려견과 주인의 이야기이다. 필자는 낮에 집에 혼자 있는 강아지가 무료해할 것을 생각하여 양방 통화가 가능한 캠코더를 설치하였다. 혼자 있을 때의 강아지는 저녁에 가족이 모여있을 때의 모습과 전혀 달랐다. 방석 위에 낮게 엎드려 움직이지 않는 모습은 저녁에 가족이 모두 모였을 때 활발하게 돌아다니던 그 모습이 아니었다. 처음에는 캠코더를 통하여 부르는 소리에 반응을 하였지만 이내 다시 방석으로 돌아가 아무 반응을 보이지 않았다. 저녁에 집에 돌아가면 강아지는 신이 나서 이리저리 뛰었다. 아침에 주었던 사료를 거의 먹지 않고 있다가 그제서야 먹기 시작했다.

일반적으로 개가 우울해졌을 경우, 이러한 침울해하는 행동 이외에도 구석에 숨어 나오지 않거나, 신체의 일부를 지속적으로 핥는 등의 증상을 보인다. 아직 그러한 증상이 보이지 않는다면 심각한 상태는 아니겠지만, 주인을 기다리며 하루 종일 혼자 있는 것이 개에게 얼마나 무료한 것인지를 생각해볼 필요가 있다. 이러한 상황은 아마도 많은 개가 겪고 있을 것이다. 낮에 혼자 어두운 방에서 주인을 기다리는 개들을 지속적으로 방치한다면 신체적인 증상으로 이어질 가능성도 있다. 주인을 반겨주고 즐거움을 주는 개들이 낮에도 건강한 생활을 할 수 있도록 환경 개선이 필요하다. 이른바 '개의 환경 풍부화 프로그램'으로, 정기적인 산책이나 다른 개들과의 만남, 마사지나 빗질, 오감의 자극 등이 있을 것이다. 후각의 자극을 주는 방법으로는 라벤더 향 등을 이용하거나, 맛있는 별식을 여러 장소에 숨겨놓고 찾아 먹게 만드는 것 등이 있다. 청각을 자극하는 방법으로 개들이 좋아하는 음악을 틀어 줄 수도 있다. 훈련을 시키면 개가 음악 재생 기기를 켜고 끌 수도 있을 것이다.

낮에 혼자 있는 개를 위하여 환경 개선을 조금씩 해주면 개는 건강하고 활기찬 생활을 영위할 수 있고, 주인과 오랫동안 행복한 나날을 보낼 것이다.

(2) 동물들을 위한 음악

사람들은 시를 읽고 슬퍼하거나 즐거워한다. 이러한 시에 대한 감정은 음악을 통해서도 표출된다. 음악을 연주하는 사람은 단 하나의 박자라도 틀리지 않고 불협화음을 내지 않기 위해 연주에 집중하면서 긴장하지만, 연주를 듣는 사람들은 긴장감을 이완시키면서 때로는 일상 생활에 새로운 영감을 불어넣기도 한다.

음악의 리듬과 음정은 사람에 따라 느끼는 바가 다르며, 어떤 음악은 사람에 따라서는 소음이 될 수도 있다. 젊은 사람들은 빠른 박자와 높은 음정의 음악을 좋아하고, 나이가 들어감에 따라서는 좋아하는 음악의 박자가 느려지고 음정도 낮아진다. 이것은 우리의 생체 리듬과 관련이 있다. 어떤 음악가들은 특히 심박수와 호흡이 음악의 리듬과 밀접한 관계가 있다고 말한다. 1분에 60회의 심박동을 하고 15회 호흡하는 사람과, 70회의 심박동을 하고 30회 호흡하는 사람은 좋아하는 음악의 장르가 다를 확률이 높다.

동물은 어떨까? 아직 동물을 위한 음악을 연구한 자료는 많지 않다. 어떤 사람들은 특정한 음악에 대하여 개가 수면을 취하는 등의 반응을 한다고 말한다. 동물도 자신의 심박수와 관련된 리듬을 좋아할까? 개의 심박수는 1분에 70-140회로 견종에 따라 많은 차이가 난다. 또한 사람이 듣는 가청 주파수 밖의 소리도 들을 정도로 동물 간의 청력은 많은 차이를 보이고 있다. 따라서 모든 개가 좋아하는 음악을 작곡하는 것은 아마도 힘들 것이다.

그러나 주위의 개가 어떤 음악에 대해 소음으로 반응하는지, 혹은 정서적으로 안정되게 느끼는지를 여러가지 리듬과 음정을 선택하여 음악을 창작, 실험해보는 것은 가능할 것이다. 개가 좋아하는 음악이 있다면 혼자 집에 남겨진 개를 위해 음악을 듣게 해주는 것도 좋은 방법이다.

반려동물을 비롯하여 축산동물, 실험동물의 무료함을 달랠 수 있는 음악을 작곡하여 들려준다면 이는 환경 풍부화 프로그램의 좋은 사례 중 하나가 될 것이다[32].

(3) 실험동물의 환경 풍부화

실험동물은 좁은 사육장에 갇혀 외부와 격리된 상태로 살다가 생을 마감한다. 자연스럽지 못한 환경에서 사는 실험동물은 정상에서 벗어난 생리적·면역학적 변화를 동반하며, 이는 동물실험의 연구 결과에도 큰 영향을 미친다.

과학자들은 윤리적인 이유뿐만 아니라 과학적 이유로도 실험실 동물의 행동 상태를 고려하여 환경 개선에 관심을 기울이고 있다. 중추신경계는 코티코스테로이드와 무관하게 면역체계에 직접적으로 중요한 영향을 미치기 때문에 정신적인 스트레스가 동물의 면역 저하를 유발시킬 수 있다. 또한 환경을 다양화하면 뇌의 발달과 기억력, 학습능력, 문제해결능력, 그리고 인간을 비롯한 다른 동물들과의 사회적 관계에도 영향을 준다.

실험동물이 단순한 환경에서 무료한 일상을 지속적으로 보내면 무의미한 반복행동을 보이기 쉽다. 이런 경우 원인이 되는 부분들을 최소화시키거나 동물들이 종 특이적 행동을 할 수 있는 기회를 제공해주어야 한다. 개나 영장류 등의 사회적 활동이 요구되는 동물들에게는 서로 어울리고 편안함을 느낄 수 있

---

32 사육환경 개선이 필요한 동물은 비단 개나 고양이뿐만이 아니다. 농장동물이나 실험동물도 무료하기는 마찬가지이다. 돼지나 닭, 소를 비롯해 실험동물 역시 야생에서처럼 먹이를 찾기위한 노력을 할 필요가 있다. 이 동물들은 대부분의 시간을 사육장에 갇힌 채 빈둥거리며 보내고 있다. 할 일이 없는 동물들이 무료하게 느끼는 것은 큰 고통이다. 돼지에게 공을 주고, 실험용 원숭이에게는 먹이를 숨겨놓고 찾아 먹도록 하는 것도 그들의 무료함을 달래주는 방법 중 하나이다. 음악을 들려주는 것 역시 그 수단 중 하나가 될 것이다.

는 환경을 제공해 줄 필요가 있다. 동물들이 부적당不適當한 행동을 표출하거나 동물복지와 관련된 수의사들의 우려가 있을 때, 또는 동물실험윤리위원회 Institutional Animal Care Use Committee; IACUC가 승인한 연구의 과학적 필요성에 위배되지 않는다면, 기본적으로 개나 영장류에게는 쾌적하고 안락한 사회적 환경을 제공하여 비정상적인 행동을 줄이고 정상적인 다양한 행동들을 표출하도록 하는 것이 바람직하다.

환경 풍부화의 우선적인 목표는 동물에게 감각자극과 운동자극을 제공함으로써 동물복지를 증진시키는 것이다. 동물에게 구조물이나 별도의 자원을 제공하여 동물이 가지는 고유한 행동 표현을 용이하게 하고, 종 특이적 특성에 따른 육체적인 운동, 조작 행동 및 인지적 도전을 통해 정신적 복지를 향상시키는 것이다[33]. 동물별로 비사회적 환경 풍부화 프로그램의 예를 들어보면 다음과 같다.

- 비인간영장류: 횃대나 시각적 장애물 설치, 먹이를 찾게 하는 도구나 장난감과 같은 물건의 제공
  ⇒ 시각적 장애물이 사회적 갈등을 피할 수 있도록 도와준다.
- 고양이와 토끼: 높은 선반 부착
  ⇒ 같은 케이지에서 다른 동물로부터 방해를 받는 경우 도피할 수 있게 해준다.
- 기니픽: 은신처 조성 등의 구조물 형성
  ⇒ 고양이나 토끼의 경우와 동일
- 개, 돼지: 장난감 제공
- 설치류: 나무 재질의 씹을 수 있는 막대기, 둥우리 재료 제공
  ⇒ 휴식을 취하거나 잠을 자는 동안 체온을 조절하고, 추위로 인한 스트레스를 피할 수 있도록 도와준다.

---

33 NRC 1998a; Young 2003, The Guide 8th

이 밖에 물건들을 순환시켜주거나 교체함으로써 환경 풍부화에 참신함을 더해주는 것도 고려되어야 한다. 이와 같이 환경 풍부화 프로그램이 잘 구상되면, 동물들에게 그들이 처한 환경을 통제할 수 있는 선택의 자유와 능력을 제공하게 되어 동물들이 환경적인 스트레스 요인에 대해 더욱 잘 대처하게 한다[34].

그러나 동물의 환경에 추가된 모든 요소들이 동물의 복지에 도움을 주는 것은 아니다.

- 구슬은 마우스 불안감 연구에 스트레스 유발 인자로 사용되므로 케이지에 넣으면 안된다.
- 비인간영장류에게 새로운 물건을 제공할 때 제대로 소독하지 않으면 질병 전파의 위험성을 높일 수 있다.
- 먹이를 찾아 먹게 하는 도구들은 동물의 체중 증가를 유발하기도 한다.
- 제모는 일부 개체들에게 알러지와 피부 발진을 일으킬 수 있다.
- 제공된 일부 물건들이 이물질로 작용하여 장관 내에 상처를 입히기도 한다.
- 우스 계통에서는 케이지 칸막이와 은신처가 수컷 무리들의 공격성을 유발시켜 사회적 스트레스와 부상을 유발하기도 한다.

한편, 한 집단 내에서 우세한 동물들이 자원을 독점할 경우 사회적 스트레스가 가장 흔하게 발생한다. 실험동물시설에서 환경 풍부화 프로그램은 다른 환경 요인들(공간, 조명, 소음, 온도, 동물관리 작업절차 등)과 마찬가지로 동물의 표현형과 실험 결과에도 영향을 미칠 수 있기 때문에, 다른 환경요인들과 마찬가지로 하나의 독립변수로 간주해야 하고 적절하게 조절되어야 한다고 가이드(NRC)는 권고하고 있다.

환경 풍부화 프로그램은 동물 사이에서의 접촉 또는 격리와 같은 사회성에

---

34 하지만 환경을 지나치게 자주 바꾸면 동물에게 오히려 스트레스를 줄 수도 있다.

관한 것과 케이지내의 물건, 보금자리, 급이기술, 장난감, 환경적인 조건과 같은 비사회성에 관한 프로그램이 있다. 이들의 선택 기준은 모두 실험동물에게 안전해야 하고 연구목적에 부합해야 한다. 비인간 영장류의 환경 풍부화 프로그램의 예를 들면, ▸비인간영장류는 무리를 지어 생활하기 때문에 오랫동안 격리해서 사육하면 안된다. ▸그러나 공격적이거나 전염성 질병이 있는 것으로 의심되는 영장류는 수의사의 결정에 의해 다른 개체와 격리하여 사육한다. ▸개별적으로 사육되는 영장류는, 건강이나 복지에 위해가 되지 않는 것으로 판단되면 같은 무리의 소리를 듣게 하고 서로 볼 수 있게 한다. ▸사육시설 내에서는 나무타기 등의 종 특이적인 행동을 표현할 수 있도록 해주어야 하며, 환경적인 행동을 보조하는 것으로는 그네, 걸터앉을 수 있는 나무, 장난감, 신선한 먹이 등이 필요하다.

비인간영장류를 이용하여 실험할 때에는 동물실험윤리위원회가 승인한 방법에 의하여 보정해야 한다. 또한 장기간 보정이 필요할 경우에는 정기적으로 보정에서 해방시켜주어야 한다. 영장류가 정신적인 건강에 문제가 있는지를 측정하기 위한 4가지의 요소는 ▸환경에 매일매일 적응하는 능력, ▸종 특이적인 행동을 보이는 능력, ▸자해를 일으키거나 다른 바람직하지 못한 결과를 초래하는 비적응성의 행동 또는 병적인 행동의 유무, ▸조화 있는 성격의 유무 등을 기준으로 한다.

개와 고양이에 대한 적절한 사육방안에 대해 미국 농무성의 지침에서는, ▸개와 고양이는 적절한 장소에서 사육되어야 하며, ▸판매자나 전시자, 연구시설은 12주 이상의 개에게 담당 수의사가 승인한 운동 관련 프로그램을 개발·기록 및 이행하여야 한다고 규정하고 있다. 실험용 개의 경우, 환경에서 야기되는 스트레스와 사육관리자와의 부조화에서 비롯된 행동적 요인들로 인해 동물실험에서 얻어진 데이터의 정확도가 감소할 수 있다[35].

개가 실험동물로 사용될 경우 해당 연구기관의 사육사나 연구원과의 상호관

---

35 Beaver, 1989; Benn, 1995

계가 사육환경의 중요한 요인이 되며, 이것은 심지어 개와 개 사이의 상호작용보다 더 우선시된다.

- 집단으로 사육되는 개에게는 안정적인 무리를 유지시키는 것이 바람직하다.
- 새로운 동물이 들어오거나 기존의 동물이 나갈 경우에는 내부적으로 새롭게 위계질서가 조정되어야 한다.
- 완전히 새로운 무리를 만들기 위해 개를 교체해주기도 한다.
- 새로운 군이 만들어지면 개들은 처음 며칠간은 자신의 사회적 지위를 결정하기 위하여 다른 동물에 올라타거나, 코를 킁킁거리며 냄새를 맡거나, 혹은 의사소통을 하는듯 하는 자세를 취한다. 이것은 어떤 개체에게는 스트레스이고, 이는 곧 실험 데이터에도 영향을 준다.
- 사회적으로 고립된 개가 경우에 따라서는 좀 더 활발하거나 소극적인 반응을 보이는 등 다양한 결과를 보이지만, 사람을 보았을 때에는 더 많이 흥분하기도 한다.

홀로 사육된 개들은 짖기, 무의미한 반복 행동(상동증), 공격적 행동 등을 더 빈번하게 보인다. 실험시설에서 개가 보이는 비정상적 행동 중 상동증은 동물의 사육방법 뿐 아니라 유전적·사회적 요인, 사료, 개별적 스트레스 정도, 환경적 요인 등이 원인이 될 수 있다. 실험실의 케이지나 사육장 우리에서 전후 좌우로 이동하는 행동은 개에게서 흔히 볼 수 있는 비정상적 행동의 하나이다. 일반적으로 이 같은 증상을 보이는 개는 왼쪽에서 오른쪽, 혹은 오른쪽에서 왼쪽으로 움직이다가 끝부분에 도달했을 때에 머리를 위로 치켜드는 행동을 한다. 또는 같은 자리에서 계속 빙글빙글 도는 증상을 보일 수도 있다.

문제가 되는 행동이 습관화되면 치료가 어렵기 때문에 예방이 최선의 방법이다. 가장 좋은 예방 방법은 ▸집단 사육되는 개의 공간에 새로운 개체를 도입하지 않고, ▸사육자간의 접촉을 늘리며, ▸장난감을 제공해 주는 것이다. 또한 홀로 사육중인 개에게는 ▸다른 개와의 사회적 관계를 늘리고, ▸사람에게 순종

할 수 있는 교육을 하며, ▶재주를 가르치고, ▶음식과 간식을 보상으로 주는 케이지 퍼즐을 시행하고, ▶시각적으로 흥미를 가질 수 있는 것들을 케이지에 공급해주면 좋다.

실험동물시설에서 개는 보통 과도하게 짖는데, 일부 연구시설에서는 성대제거 수술을 한다. 그러나 이러한 수술들은 소음문제를 해결할 수는 있지만 행동학적으로 문제를 시정하지 못하며, 동물복지 차원에서도 바람직하지 못하다. 우리나 케이지에 사람이 들어오게 되면 짖는 소음과 동시에 개의 활동이 증가한다. 이러한 행동들은 먹이를 급여하거나 사육자가 직접적인 접촉을 할 때 더욱 심해진다. 비정상적인 행동들이 심해지는 것을 막기 위해서는 ▶집단으로 사육하거나, ▶사육실의 디자인을 바꾸거나, ▶사람들이 동물들과 더 많은 시간을 보내주거나, ▶심하게 짖는 개체에게는 사료를 이용하여 훈련을 시키거나, ▶조용한 개체에게 다른 보상을 주는 방법들이 사용되고 있다.

실험동물로 사육되는 개들이 물통이나 사료통 안에 앉아있거나 몸을 웅크리고 있는 이상 행동을 보이기도 하는데, 이는 애완용 개가 보이지 않는 행동들이다. 이와 같은 행동은 비정상적이라기 보다는 환경적 요인들과 관련이 있다고 볼 수 있다. 정상적인 행위를 잘 표현할 수 있도록 양탄자를 씌워놓은 나무 조각들을 제공한다면, 발로 하는 비정상적 행동을 방지하는데에 도움을 준다.

이와 같이 사육환경을 동물들의 습성에 맞게 풍부화하면 실험동물의 비정상적인 행동을 정상화시킬 수 있다[36].

36 The Guide 8th NRC, 2011

4) 동물의 권리를 주장한다

고통을 없애주거나 사육환경을 개선해주는 것만으로는 동물에게 충분하지 않으며, 동물을 케이지로부터 풀어주어야 한다고 주장하는 학자도 있다. 톰 리건 Tom Regan, 1938-2017은 동물의 권리를 주장하는 대표적인 철학자로, 사람들이 동물에게 잘 대해주는 것, 동물에게 잔혹함을 가하지 않는 것, 동물의 사육환경을 안락하게 해주는 것, 보다 큰 케이지에 사육하는 것 등 기존의 동물복지 구현 방식이 충분하지 않다고 생각한다. 그는 동물을 식용으로 길러 먹거나, 동물을 이용해서 옷을 만들거나, 동물을 보고 즐기려고 할 때, 동물의 권리에 관한 진실은 동물을 케이지에 가두어놓는 것이 아니라 풀어주는 것이라고 주장한다.

5) 의인화

동물복지를 실현하기 위해서는, 동물의 행동을 관찰하거나 동물이 선택하면서, 또는 노력을 하면서 진정으로 원하는 것이 무엇인지를 알아차리는 것이 중요하다. 동물들도 기피하는 것이 있고, 기피할 수 없는 상태가 지속되면 비정상적인 행동을 보이기도 한다. 동물의 복지상태를 개선하기 위해서는 이와 같이 사육자가 아닌 동물이 원하는 것이 무엇인지를 정확하게 파악하는 것이 중요하다.

그러나 동물을 사람처럼 생각하고 사람이 원하는 것을 동물도 원한다고 생각하는 착각에 빠지기 쉽다. 동물을 사람과 동일하게 생각하는 의인화나 인격화, 그리고 동물실험 결과를 사람에게 외삽하는 과정에서 동물복지가 훼손당하는 경우가 이에 해당된다. 예를 들면, 개의 생일에 크림 케이크를 통해 생일 잔치를 해주어도 개가 자신의 생일을 알아차리기는 힘들 것이다. 의인화된 개는 자연스러운 행동이 저해되고, 몸을 조이는 예쁜 의복을 입은 채 생일 잔치에 임한다. 사람들은 동물들이 잘못한 일에 대하여 사람과 같이 죄책감을 느낄 수 있어야 하고, 주인과 주변에 대하여 더 많은 지식을 가지고 있어야 하며, 사람을 물면 안된다고 생각한다. 동물실험 결과를 사람에게 적용하는 외삽과정에서, 마우스가 사람과 같다고 생각하고 마우스로부터 얻은 실험 결과가 사람에게도 동일하게 나타날 것처럼 왜곡하기도 한다.

  동물이 느끼는 통증과 고통은 강도의 차이는 있겠지만 사람이 느끼는 고통과 크게 다를 바 없다. 또한 동물도 감정과 인지력을 가지고 있으며, 때로는 사람들이 지키는 도덕적 기준에 합당한 행동을 하기도 한다. 이와 같은 동물이 고통없이 살도록 해주기 위해서는, 동물에게 꼭 필요한 것이 무엇인지 정확하게 파악하고 그것을 적재적소에 제공해줄 수 있어야 한다.

II
동물복지 무엇이 문제인가?

1

동물복지 정책

1) 최근의 경향

우리나라는 2008년에 「동물보호법」이 개정된 이래 동물보호에 대한 강도높은 정책이 지속적으로 추진되고 있다. 최근에는 「실험동물에 관한 법률」약칭: 실험동물법과 「동물보호법」의 일부 개정안이 제안되었다. 개정안에서는 동물실험시설에서 무등록 실험동물공급자로부터 실험동물을 공급받는 것을 금지하고, 동물실험시설의 운영자와 관리자는 동물실험 종료 후 해당 실험동물[37]의 건강진단을 실시하고, 동물보호센터 등에 입양시킨 후 일반인에게 분양할 수 있도록 하였다. 동물실험의 과학적인 진보를 유도하고, 실험이 종료되면 건강한 동물을 일반인이 입양할 수 있게끔 해주는 인도적인 법안으로 생각된다.

현재 「실험동물법」에서는 동물실험시설에서 실험동물을 사용하는 경우에 식약처에 등록된 동물실험시설에서 생산된 실험동물을 우선적으로 사용하도록 노력하여야 한다고 규정하고 있지만, 「실험동물법」에서 규정된 동물과 동물실험시설이 아닌 소나 닭과 같은 동물을 이용할 경우나, 대학 등의 교육기관 등에서는 과학적으로 검증된 실험동물을 사용할 의무가 없다. 그러나 실험동물은 목적에 맞게 번식된 동물을 사용하는것이 바람직하기 때문에, 동물 사용자는 실험동물로 제대로 사육·관리된 과학적인 동물을 사용하는 것이 요구된다. 「실험동물법」의 적용 대상이 식품, 건강기능식품, 의약품, 의약외품, 생물의약품, 의료기기, 화장품의 개발·안전관리·품질관리, 마약의 안전관리·품질관리 중 필요한 실험에 사용되는 동물과 그 동물실험시설의 관리 등으로 제한되어 있기 때문에, 식약처에 등록돼있지 않은 수의과대학이나 의약품 개발과 관련이 없는 분야에서 개나 고양이를 이용하여 교육, 질병 연구 등을 수행한 경우 실험 후 건강한 동물을 분양하고 싶어도 「실험동물법」의 분양조건에 해당되지 않는 것이다. 다행히 동물실험 후 건강한 실험동물을 분양하는 것은 「동물복지법」에 추가되었다. 추후에는 「실험동물법」이 의약품 개발에

---

[37] 개, 고양이 등

있어서의 과학적인 동물 사용, 동물실험의 대안수단 개발 등에 더 많은 관심 및 지원이 유도될 수 있도록 법을 개정하는 것이 필요할 것으로 보인다.

한편, 환경부의 「야생생물 보호 및 관리에 관한 법률」은 야생생물의 보호 및 이용의 기본 원칙을 준수하여, 현세대가 야생생물과 서식환경을 적극 보호하고 그 혜택이 미래세대에 돌아갈 수 있도록 하는데에 의의를 두고 있다. 이 법은, 야생동물의 보호뿐만 아니라 유해야생동물의 포획과 살분분, 수렵동물의 지정 등을 통하여 야생동물의 개체수를 조절할 수 있도록 되어있다. 이와 같이 각종 동물보호 정책이 제안되면서 동물에 대한 대상과 시각이 서로 다른 부처 간의 의견 상충으로 이어지고 있다. 환경부가 규제기관이기 때문에 「동물보호법」을 환경부에서 관장해야 한다는 소수 의견이 대두되기도 하고, 반려동물의 보호는 보건복지부에서 다루어야 한다고 주장하는 의견도 있다.

미국의 농무성이 담당하는 「동물보호법」은 어떨까? 미국 「동물보호법」의 존재 이유는, 연구 시설, 전시용, 또는 반려목적으로 사용되는 동물의 인도적 보호와 대우를 제공하고, 운송 중 동물에 대한 인도적 대우 및 도난당한 동물의 판매 또는 사용을 방지하는 것이다. 여기서 정의한 '동물'이란 살아있거나 죽은 개, 고양이, 비인간영장류, 기니피그, 햄스터, 토끼 등의 온혈동물로, 연구, 시험, 실험, 전시, 반려 목적을 위해 사용되거나 사용하도록 의도된 동물을 말한다. 그러나 미국의 「동물보호법」에서는 ❶ 연구용으로 사육된 조류, 랫드, 마우스, ❷ 연구목적으로 사용되지 않는 말, ❸ 식품이나 섬유원으로 사용되거나 동물의 영양, 번식, 사양관리, 번식효율을 위해서, 혹은 식품이나 섬유원의 질을 향상시키기 위해 사용되는 농장동물은 그 대상에서 제외하고 있다. 그리고 관련 업무는 식물동물검역소APHIS에서 담당하고 있다.

우리나라의 「동물보호법」에서 대상이 되는 동물은 고통을 느낄 수 있는 신경체계가 발달한 척추동물로, 포유류, 조류, 파충류, 양서류, 어류 등이다. 개, 고양이, 토끼, 페럿, 기니픽, 햄스터 등 가정에서 반려의 목적으로 기르는 동물과 관련된 동물장묘업, 동물판매업, 동물수입업, 동물생산업, 동물전시업 등의 영업을 하려는 자는 농림축산식품부령으로 정하는 기준에 부합되는 시설과 인력을 갖추도록 법이 개정된 상태이다[38]. 이 조항의 적용 범위를 실험동물이나 전시용 동물로 확대한다면, 개나 고양이 등으로 실험하는 모든 연구자가 반려동물이 아닌 실험동물로 사육된 동물을 사육허가를 받은 등록자로부터 조달받게 될 것이다.

동물보호 업무는 동물의 질병, 행동, 고통, 사육환경 등에 정통한 부처에서 관장해야 하며, 동물의 생산을 담당하는 축산국과는 별도로 농림부의 담당 부서가 반려동물, 실험동물, 전시동물의 복지를 독립적으로 구현하는 것이 바람직할 것으로 생각한다.

---

[38] 이에 대해 시장, 군수, 구청장 등에게 허가를 받아야 한다.

2) 동물보호법

「동물보호법」이 생명의 학대를 방지하려는 시민단체와 국회의 노력으로 계속 개정되고 있다. 2016년, 강아지의 대량생산 과정에서 동물들의 건강관리 문제를 소홀히 하여 잔혹한 생명경시 행위가 목격된 후 많은 사람들이 공분한 전례가 있다[39]. 개정된 법에서는 ▶동물을 생산하려는 자는 신고가 아닌 허가를 받도록 되었으며, ▶허가와 관련된 하위 규정을 제대로 만들어 더이상 강아지(및 기타 동물)의 생산과정에서 비인도적인 일이 일어나지 않도록 하고 있다. 또한 ▶동물학대행위를 한 사람에 대하여 2년 이하의 징역 또는 2천만원 이하의 벌금에 처하도록 벌칙을 상향조정하고, ▶동물을 유기하면 300만 원 이하의 과태료를 부과하도록 명시하고 있다.

반려동물뿐만 아니라 농장동물이나 실험동물에 대하여 개정해야 할 조항 역시 많지만, 우선 현 시점에서는 「동물보호법」이 서서히 제자리를 찾아가는 것으로 보인다. 「동물보호법」 8조에서는 ▶동물을 목을 매다는 등의 잔인한 방법으로 죽이거나, ▶노상 등 공개된 장소에서 죽이거나, ▶같은 종류의 다른 동물이 보는 앞에서 죽이는 행위를 동물학대 등의 금지조항으로 규정하고 있다. 이 조항은 개를 식용목적으로 도살하는 과거의 모습을 떠올리게 만든다. 반려동물 학대행위에 대하여 많은 관심이 모아지고 있지만, 정작 개를 식용으로 하고 있는 문제는 여전히 남아있는 것이다. 이제는 이 조항을 개나 고양이를 이유 없이 죽일 수 없도록 바꾸어야 할 때가 온 것 같다. 개의 식용은 이미 동남아의 많은 나라에서 금지하고 있다[40].

우리나라의 「동물보호법」에는 반려동물뿐만 아니라 농장동물과 실험동물의 사육환경개선과 질병관리, 스트레스 저감, 동물실험 대안에 관한 조항도 신설되거나 개정되어야 할 점이 많이 있다. 생명존중의식이 고양됨에 따라 동물에

39 충북 옥천에 위치한 일명 '강아지 공장'에 화재가 발생하여 90여마리의 개가 죽음을 당하였다. (QR 참고)
40 참고로 일본은 개를 식용으로 이용하지 않는다.

대한 국민의 관심이 높아지면서 이러한 일을 담당하는 전문가가 요구되고 있다. 전문가는 관련법 뿐만 아니라 동물의 생태, 행동, 질병, 사육환경 등에 관한 정확한 지식으로 국민의 요구에 부응하는 동물보호업무를 신속하고 시의적절하게 수행해야 할 것이다.

3) 제2차 동물복지 5개년 종합계획

정부는「동물보호법」에 의거하여 관계부처, 동물보호단체, 지자체 등의 의견 수렴을 거쳐 '동물복지 계획을 수립하기 위한 6대 분야 21과제'를 선정하고, 이 계획안을 각 단체가 참여하는 실무팀의 논의 및 국민 의식 조사 등을 거쳐서 2020년 – 2024년까지 수행될 '제2차 동물복지 5개년 계획'을 수립하였다. 6대 분야 중에는 반려동물과 관련된 분야가 3개, 그리고 농장동물과 실험동물분야 및 동물복지 거버넌스 분야가 각각 1개씩 있다. 반려동물 분야에서는 2014년도에 수립한 '제1차 동물복지 5개년 계획'을 발전시켜, 동물소유자의 인식개선과 반려동물관련 산업의 정비, 유기·피학대 동물의 보호에 역점을 두고 있다. 그 중 눈에 띄는 과제 몇 개를 살펴보겠다.

- 반려견 훈련 사업을 국가 자격으로 도입하고, 반려견 소유자를 대상으로 하는 사육방법 등의 교육 프로그램 도입을 추진한다. 또한, 모든 반려동물 소유자나 예비 소유자에 대한 의무교육을 추진한다.
- 반려견으로 인한 물림 등 안전사고를 예방하기 위해 소유자가 반려동물을 동반하고 외출할 때는 반려동물의 목줄 길이를 2m 이내로 제한하고, 공동주택 등의 실내 공용공간에서는 목걸이를 잡거나 반려견을 안도록 의무화하는 방안을 고려하고 있다.
- 동물학대에 관한 범위를 확대하고 그에 관련된 처벌도 강화한다. 동물유기를 동물학대의 범위에 포함시키고, 현행 300만 원 이하의 과태료를 벌금으로 상향하고, 동물을 죽음에 이르게 하는 행위에 대한 처벌을 현행 2년 이하의 징역 또는 2천만 원 이하의 벌금에서 3년 이하의 징역 또는 3천만원 이하의 벌금으로 상향 조정하며, 동물학대 유형에 따라 벌칙을 차등화하는 방안도 검토한다. 또한 동물학대행위자에게 재발방지교육 이수를 의무화하고, 동물 소유를 제한하는 방안도 고려하고 있다.
- 동물 생산 및 판매업자가 등록대상 동물을 판매할 때 반려동물로 등록 후 판매하도록 의무화하는 방안을 추진하고, 동물등록 대상 월령은 현행 3개월 령에서 2개

월령으로 단축한다. 또한, 칩 삽입이나 외장형 목걸이 착용과 같은 기존 동물등록방식의 개선을 위해 비문이나 홍채 등을 이용한 바이오인식 기술개발도 추진한다.

- 반려동물 생산업의 동물복지 수준 개선을 위해 사육장 바닥 평판 비율을 30%에서 50% 이상으로 상향한다. 생산업 허가 또는 판매업 등록을 받은 영업자 외의 인터넷 판매 광고를 금지하고, 영업자 역시 인터넷 광고시 판매하는 개체의 금액을 표시하지 않도록 한다.
- 유기·피학대 동물의 구조와 보호체계 강화를 위해 지자체에 민·관 합동 구조반 운영을 유도하는 한편, 재난에 대비한 반려동물 대피시설 지정, 대피 가이드라인 개발 등도 추진한다.
- 소유자에게 병역 의무나 부상 등 불가피한 보호 불가 사유가 있는 경우, 지자체가 반려동물을 인수할 수 있도록 인수제를 시행한다. 사설동물보호소 운영관리자가 유실·유기동물을 발견했을 때는 지자체에 신고하고 인도하도록 의무를 부과한다.

유기동물보호나 동물등록제, 반려동물 소유자 교육, 맹견관리 등은 '제1차 동물복지 5개년 계획'에서도 해결해야 할 문제로 제기된 것이었으나 5년이 지난 지금도 뚜렷한 해결방안이 없는 과제들이다. '제2차 동물복지 5개년 계획'을 통하여 추진력 있는 해결책이 나올 것으로 기대하고 있다.

4) 동물보호 실태조사

농림축산검역본부에서 발표한 '동물복지 실태에 관한 보고서'에서 각 시·도 보유 동물보호 및 복지 업무추진실태 자료를 취합 분석한 결과, 주요 지표가 매년 개선되는 것으로 확인되었다.

- 동물의 보호, 유실 및 유기 방지 등을 위하여 주택에서 기르는 동물에 대해 '14년부터 동물등록을 의무화하였으며, '17년 말 기준 총 1,175.5천 마리가 등록되었다.
- 2017년에 신규 등록된 개는 104,809마리로 전년도 신규 등록 대비 14.5%가 증가하였으며, 등록 형태는 내장형(67.5%), 외장형(25.8%), 인식표(6.7%) 순으로 내장형 무선식별장치에 대한 선호도가 증가하는 추세이다.
- 유기 및 유실동물은 2017년 102,593마리로, 전년에 비하여 14.3% 증가하였다. 종류별로는 개 74.3천마리(72.5%), 고양이 27.1천마리(26.4%), 기타 1.2천마리(1.1%) 순이다.
- 이러한 유기 및 유실동물에 대한 처리 유형을 보면 분양(30.2%), 자연사(27.1%), 안락사(20.2%), 소유주 인도(14.5%) 순이며, 전년 대비 소유주 인도·분양 비율이 소폭 하락하였다.

이것은 농림부, 동물보호단체, 대한수의사회 등의 단체와 더불어, 동물을 생각하는 마음이 지극한 시민들이 함께 노력한 결과일 것이다.

이렇게 죽어가는 동물에 대한 주인 찾아주기를 더욱 활성화할 수 있는 방안 중 하나는, 위 조사에서도 알 수 있듯이 내장 칩과 같은 확실한 인식수단을 동물에게 사용하는 것이라고 생각한다. 내장 칩 삽입은 일부 부작용 사례가 있으나, 잃어버린 동물을 찾고자 하는 주인과 주인을 찾으려는 동물을 생각해보면 조속한 시일 내에 시행되도록 대책을 마련해야 할 것이다.

주인과 행복한 생활을 하는 반려동물 이외에도 우리 인간을 위해 묵묵히 일하고 있는 많은 동물들이 있다. 바로 농장동물과 실험동물이다. 이 동물들의 인도적인 사용 및 관리에 대한 관심과 노력 역시 필요하다. 축산동물의 사육환경 조건을 개선하고자 마련된 '동물복지 축산농장 인증제도'에 등록하는 축산농가가 현재 증가하는 추세에 있다. 2017년 통계에 따르면 산란계는 118개소, 육계 58개소, 돼지농장 13개소, 젖소 9개소가 등록하였다. 이러한 인증제도가 더욱 활성화되어 축산동물이 인도적으로 사육되도록 노력해야 할 것이다. 한편, 실험동물시설을 보유한 기관이 의무적으로 설치해야하는 동물실험윤리위원회 설치기관은 2018년 385개소로, 총 33,825건의 동물실험계획서를 승인하였다.

우리 사회는 다른 사람과의 공감을 확산시키며 타인을 배려하고, 공감을 통하여 풍요로운 인간적 삶을 살게 된다는 인식이 저변에 있다. 프랑스 드 발Frans de Waal, 1948-과 같은 과학자는 보노보노 등의 유인원을 통하여 인간이 공감의 능력을 갖고 있다는 것을 과학적으로 증명하였다. 인간의 좋은 본성 중 하나인 '측은지심'이 동물에게까지 영향을 끼친다면, 우리 사회는 물질적·정신적으로 더욱 풍요롭고 넉넉하게 될 것이 틀림없다. 정부와 지자체에서는 동물복지문화를 장려하기 위해 매년 동물보호문화축제를 개최한다. 이러한 축제를 통하여 많은 시민이 동물에 대해 공감과 배려를 베푸는 계기가 된다면, 우리는 미래에 자연과 더불어 사는 풍요로운 삶을 살게 될 것이다. 그러나 이러한 축제의 뒤에는 아직 해결해야 할 과제들이 남아있다. 동물등록제나 인식표 장착 등의 구체적 제도 정착, 동물복지농장의 활성화 및 축산동물의 질병 구제, 그리고 실험동물의 인도적 사용에 대한 인식의 확산 등이 바로 그것이다. 이러한 문제에 대해서는 더욱 적극적인 자세로 해결해나가야 할 것이다.

2
반려동물

1) 반려견이 주인의 생명을 구한다

스웨덴의 한 과학자가 반려견을 소유한 사람들이 심혈관 질환에 이환될 위험이 낮다는 연구 결과를 발표하였다. 스웨덴 과학자 팀은 반려견과 주인의 심혈관 질병간의 연관성을 연구하기 위해 개 등록 데이터베이스와 40 – 80세 사이의 약 340만 명에 대한 스웨덴의 국가 데이터베이스를 참고하였다고 한다. 그들의 연구에 의하면, 반려견 소유자는 심혈관 질환으로 인한 사망 위험이 낮았으며, 12년의 추적 관찰 기간 동안 다른 원인으로 인한 사망 위험성도 낮았다고 발표하였다[41].

- 개를 등록한 3,432,153명의 소유자가 포함된 전국적 조사 결과, 혼자 사는 사람들은 심혈관 질환의 발생 위험이 낮았고 전체적으로는 심혈관이나 다른 원인에 의한 사망률이 낮았다고 하였다.

- 품종 별로 보면, 사냥개 종의 소유자가 심혈관 질환의 발생율이 더 낮았고 다른 순종의 개를 소유한 사람은 각종 원인으로 인한 사망 위험이 낮았다고 하였다.

- 반려견 소유자의 심혈관 질환이 발생할 위험성 및 사망률이 감소될 수 있는 기전 중의 하나로써, 주인의 사회 격리, 우울증 및 외로움과 같은 정신·사회적 스트레스 요인을 개가 완화시키는 것으로 제시되었다. 이러한 정신적 요인들은 관상동맥 관련 심장질환, 심혈관계의 이상으로 인한 사망 및 각종 원인으로 인한 사망 위험의 증가와 관련이 있다고 일반적으로 알려져있다. 반려견을 소유하면 부교감신경계가 증가하고, 교감신경계 활동이 감소하며, 스트레스에 대한 반응성이 낮고, 스트레스를 주는 많은 활동 후 혈압이 빨리 회복된다고 한다.

- 이외에도 반려견 소유자는 더 많은 신체활동을 하고, 더 많은 시간동안 야외에서 활동하고 있기 때문에 심혈관 질환을 예방할 수 있다는 것이다.

- 연구자들은 특히, 혼자 사는 사람들이 심혈관질환에 대한 보호를 가장 많이 받았다는 것을 발견했다. 개가 주는 정신적인 영향은 기혼자보다 독신자가 더 많이 받는다고 하며, 또한 가족이 많은 사람보다 적거나 없는 사람이 개와 함께 더 많

[41] Scientific Reports, 2017

이 걷게 되고, 가족이 많은 경우 그 구성원은 독신보다 개에 더 적은 관계를 갖는다고 하였다.

이러한 연구 결과는 반려동물이 외롭고 지친 사람들의 진정한 반려자로서 주인에게 정신적·육체적으로 도움을 주고 있다는 것을 보여준 결과라고 생각된다. 스웨덴에서는 모든 사람이 고유한 개인신원번호를 가지고 있다. 병원을 방문할 때마다 국가 별 데이터베이스에 그 내용이 기록되는데, 그러한 정보 중 개 소유주의 등록은 2001년부터 스웨덴에서 필수적인 것으로 되었다. 이러한 데이터베이스를 통하여 사람과 반려동물의 관계에 대한 연구가 진행될 수 있었을 것으로 생각한다.

우리나라는 잃어버린 반려견을 쉽게 찾고, 유기동물로 인한 질병 및 인수공통전염병 예방, 반려동물의 유기·유실 등을 방지하기 위하여 2008년에 시작된 반려동물 등록이 2014년부터는 의무화되었으며, 2017년 말을 기준으로 총 117만 5천여 마리가 등록되었다. 국내의 반려동물 수를 정확하게 알 수는 없지만, 대략 700만 마리라고 하면 아직도 등록률이 약 1/7밖에 되지 않는 것이다. 반려동물의 데이터베이스 구축이 유기동물·유실동물의 소유자 찾아주기뿐만 아니라 반려동물의 의료체계 구축 등에 절대적으로 필요한 만큼, 이에 대한 보다 강력한 정책 시행이 요구되고 있다.

2) 상가지구(喪家之狗), 유실견, 유기견

조선 후기의 실학자 이익李瀷이 쓴 《성호사설星湖僿說》의 제23권 「경사문經史門」 중에 '상가지구喪家之狗'에 대한 해설이 나온다. 상가지구는 집을 잃고 방황하는 초상집의 개를 뜻한다. 초상을 치르는 사람들이 슬픔과 황망함에 젖어있으며 초상 준비에 분주하여 상가의 개에게 신경을 쓰지 못하니, 상가지구는 그만큼 불쌍한 개라는 의미이다.[42]

오랫동안 정착을 하지 못하며 정치적으로도 실권하여 정나라鄭國에서도 뜻을 이루지 못하고 있던 공자의 모습은 상가喪家의 개처럼 처량한 모습이었을 것이다. 우리나라 속담에 '상가의 개만도 못하다'라는 말은 오갈곳이 없는 불쌍한 처지를 이르는 말이다.

이처럼 집을 잃은 상가지구보다 더 불쌍한 유기견이나 유실견이 있다. 미국의 경우, 2005년에 태풍 '카트리나'의 피해로 많은 동물들이 주인을 잃었다. 그 후 재해 중에 주인을 잃은 동물에 대해서 구제방안을 마련해야 한다는 많은 사람들의 주장을 받아들여, 미국 국회는 「Pets Evacuation and Transportation Standards Act」를 통과시켰다. 일본에서는 2011년 후쿠시마의 지진으로 인해 수많은 동물이 주인을 잃고 거리를 헤매어 보는 이들을 안타깝게 하였다. 우리나라에서도 2010년에 북한 정권에 의한 연평도 무력침공으로 인하여 많은 동물이 주인을 잃고 거리를 헤매어 동물보호단체의 구호를 기다린 적이 있었다. 이러한 비상사태에서는 구제와 복지의 대상이 사람이 우선이기 때문에 많은 동물들이 고통을 받기 쉽다.

한편, 기르던 주인이 의도적으로 유기한 유기동물은 상가지구보다 더 큰 슬픔을 느낄 것이다. 「동물보호법」에서는 제8조(동물학대 등의 금지) 4항에서 '소유자 등은 동물을 유기遺棄하여서는 아니된다'고 하였고 이를 위반한 소유자 등에 대해서는 300만원 이하의 과태료를 부과하도록 규정하고 있다. 또한 동

42 한국고전번역원에서 발췌.

법 제24조(동물실험의 금지 등)에서는 유실·유기동물(보호조치 중인 동물을 포함한다)을 대상으로 동물실험을 할 경우에는 300만원 이하의 벌금에 처한다고 하였다. 여기서의 '유실동물'은 주인의 부주의로 유실된 동물을 뜻한다.

생각해보건대, 길거리를 배회하는 개(혹은 고양이)가 모두 유기동물인 것은 아닐 것이다. 주인의 배신으로 마음의 상처를 받은 유기견은 사람으로부터 멀리 도망치려 하고, 주인의 부주의에 의해 거리로 내몰린 유실동물은 주인과 개 모두가 서로 애타게 찾고 있으며, 상가지구와 같이 본의아니게 집을 잃어버린 개는 오갈데가 없는 처지에 놓이게 된다. 「동물보호법」 제12조(등록대상동물의 등록 등)에서는 '3개월령 이상의 개 소유자는 동물의 보호와 유실·유기 방지 등을 위하여 등록대상동물을 등록하여야 한다'고 정하고 있으며, 등록을 하지 않았을 경우 100만원 이하의 과태료가 부과된다. 그래서 소유주는 개에게 무선식별장치나 인식표를 부착시키고 등록을 해야 되는데, 현재 등록 실적이 그다지 높지 않으며 길거리를 헤매는 개는 여전히 증가 추세에 있다.

이렇게 길거리를 방황하는 개를 보호하는 비용도 지자체 입장에서는 부담이 클 수밖에 없다. 현재로써는 등록을 하지 않은 개에 대해 강제적으로 조치를 취할 수 있는 다른 뾰족한 방안이 없다. 유기견은 의도적으로 버려진 개이기에 인식표를 떼어내면 그 주인을 찾을 수가 없다. 그러나 유실견이나 상가지구의 경우에는 주인을 찾아줄 수 있는 확실한 방안만 있으면 될 것으로 보인다. 그런 점에서, 분실될 수 있는 인식표보다는 무선식별장치를 장착하는 것이 더욱 확실한 방법일 것이다. 또한 등록되지 않은 동물에 대한 고발조치보다는, 소유자가 일정 수준의 불이익을 받도록 하는 것도 등록을 유도하는 방법일 것이다.

사람에 의하여 번식된 개들이 사람때문에 고통을 받게 된다면 그것은 비인도적이라 할 수 있을 것이다. 유실견이나 상가지구와 같은 개들은 주인을 적극적으로 찾아주는 방안을 모색하고, 유기견에 대해서는 소유자가 동물을 유기하지 않도록 사육 전 반려동물의 사양관리에 대한 교육을 강화해야 할 것이다.

3) 유기동물 대책

미국과 영국, 독일 등에서는 우리나라와 마찬가지로 지자체와 함께 민간 동물보호단체가 동물보호시설을 운영하여 보호자 찾아주기 운동을 하고 있다. 이러한 동물보호단체는 운영을 기부에 주로 의존하고 있다. 영국의 RSPCA The Royal Society for the Prevention of Cruelty to Animals는 수입의 약 1.2억 파운드 중 약 1억 파운드를 기부 및 유산 증여에 의존한다[43]. 독일동물보호연맹은 각지에 있는 750개 이상의 동물보호협회를 결속하여 총 80만명 이상의 회원을 보유하는 전국적인 조직으로, 이곳 역시 연맹 수입인 약 1,060만 유로 중 약 900만 유로를 기부·유산 증여에 의존하고 있다[44]. 미국의 대표적인 동물보호 단체인 HSUS Humane Society of the United States도 수입 1억 8,000만 달러 중 1억 6,000만 달러를 기부·유산 증여로부터 충당하였다[45].

이러한 동물보호단체의 활동에도 불구하고, 유기동물들은 보호시설의 제한된 수용능력때문에 종국에는 안락사를 당하게 된다. 영국에서는 동물보호시설에서 연간 개와 고양이 2.7 – 3.3만 마리, 지자체에서 개 9,000여 마리가 안락사되어, 전체 유기동물의 10%인 4만 2천여 마리가 안락사되는 것으로 추정된다. 독일 동물보호연맹은 유기동물을 살처분해서는 안된다고 규정하고 있다. 그러나 치료에 가망이 없는 질병이나 부상으로 고통받는 동물의 안락사와 독일 수렵법에 의해 연간 고양이 40만여 마리, 개 6만 5천여 마리가 살처분당하는 것을 지적하는 동물보호단체도 있다. 미국의 동물보호시설에서는 시설의 여유가 없다는 등의 이유로 많은 개와 고양이가 건강에 문제가 없음에도 불구하고 안락사되고 있다. HSUS에 따르면, 2013년 미국의 동물보호시설에 수용된 600 – 800만 마리의 개와 고양이 중 약 40%에 해당하는 건강한 270만여 마리가 안락사되었다고 한다.

43   2013년 기준
44   2012년 기준
45   2012년 기준

이러한 안락사 문제로 고민하고 있는 각국은 나름대로의 대책을 강구해오고 있다. 독일에서는 동물 보호의 관점에서 개 보호자 등이 준수해야 할 사육방법 등의 기준을 구체적으로 규정하고 있으며, 이를 위반하면 벌금이 부과된다. 애완동물가게에서 강아지의 판매를 간접적으로 억제하는 한편 개 소유에 대해 세금을 부과하는 규정이 대부분의 지자체에서 도입되고 있다. 미국에서는 약 4,000여개소의 강아지 공장puppy mill이 운영되고 있으나, 영리를 목적으로 열악한 환경에서 강아지를 대규모로 사육하고있는 것을 오래 전부터 동물보호단체 등이 비판하여 왔다[46].

한편, 야생화된 고양이는 길고양이처럼 순화시키기 어렵고, 인수를 희망하는 주인에게 양도하는것이 반드시 적절하지는 않다고 생각되고 있다. TNR 프로젝트Trap·Neuter·Return project에 의해 야생화된 고양이를 포획(Trap)하여 불임거세수술(Neuter)을 한 후 원래의 위치로 복원(Return)하는 방안에 대하여 미국에서는 최소 240곳의 지자체가 조례를 제정하고, 영국에서도 RSPCA가 TNR 프로젝트에 참여하고 있으며, 독일 동물보호연맹 또한 야생화된 고양이의 불임 거세를 의무화하도록 의회 등에서 움직이고 있다. 우리나라에서는 2017년에 38,059마리를 대상으로 중성화 사업을 추진하여 4,796,000,000원이 소요되었다. 유기된 개와 고양이에 대한 이러한 대책에 비판이 없는 것은 아니다. '살처분 제로'를 주장하는 보호시설이나, TNR 고양이에 의한 야생생태계 파괴 등에 대해서는 유기동물 대책의 효율성이 거론되고 있다.

그렇다면 동물을 기르다가 유기하는 이유는 무엇일까? 보호자의 질병이나 사망에 의해 동물을 돌볼 수 없는 필연적인 이유를 위시하여 자녀의 알레르기, 사나운 애완동물에 의한 상처, 애완동물의 심각한 질병, 애완동물의 과도한 번식, 이주한 곳에서의 애완동물 사육 금지령, 동물의 성장에 따른 귀염성lovable personality의 소실, 주인과의 소통 불능, 소음 유발, 경제적 문제, 장기적 부재로

---

[46] 최근 많은 국가 및 지자체는 애완동물 가게에서 동물을 판매하지 못하도록 규제를 가하고 있다. 예를 들어, 로스앤젤레스에서는 영리목적으로 사육된 개, 고양이, 토끼를 도시의 애완동물 가게 등에서 판매하는 것을 금지하는 조례를 2012년에 제정했다. 같은 조례는 캘리포니아주 샌디에고 등 30개 이상의 도시에서 제정되어있다.

인한 관리 불능, 심한 냄새 등등 이유가 가지각색이다. 반려동물의 유기 및 유실을 막기 위해서, 반려동물 보호자는 동물을 입양하기 전에 다음의 사항을 숙지할 필요가 있다.

- 반려동물의 사육 및 관리에 대한 현실을 알아야 한다.
- 반려동물도 아프면 병원에 가서 치료를 받아야 한다.
- 반려동물도 죽음을 맞이한다.
- 반려동물을 충동구매하지 않아야 한다.
- 개는 보호시설에서 입양하고 반려동물이 길을 잃지 않도록 한다.
- 한 번 기르면 버리지 않으며, 안이하게 번식시키지 않는다.
- 자원 봉사·기부를 통해 유기동물의 안락사를 막는다.

이와 같은 보호자에 대한 교육과 더불어 국가의 행정적인 뒷받침도 요구된다. 즉, 동물 등록 제도를 간소화하고 전국 어디에서나 등록할 수 있도록 하며, 반려견의 판매·등록 시 내장형이나 홍채인식을 통한 개체식별 방법, 반려동물 보호자의 책임의식 고취, 학교에서의 동물보호에 관한 교육 확대 등이 필요할 것이다.[47]

---

[47] 본고는 諸外国における犬猫殺処分をめぐる状況, ―イギリス、ドイツ、アメリカ―, 調査と情報―ISSUE BRIEF― NUMBER 830(2014. 9.16.) , 著者 遠藤真弘, 出版者 国立国会図書館, 농림축산식품부의 동물보호정책을 참고하였다.

4) 유기동물 안락사

대만의 한 동물보호소에서 근무하는 수의사 지안지쳉簡稚澄이 방송에서 2년 간 약 700마리의 개를 안락사시켰으며 개를 동물보호소로부터 입양하면 좋겠다고 하자, 일부 네티즌들이 그녀를 "아름다운 도살자"라고 공격하였다. 지안지쳉이 자살한 후 몇 개월 만인 2017년 2월부터 대만은 전염병에 이환되거나 치유할 수 없는 상태의 동물 등을 제외한 유기동물의 안락사를 법으로 금지하고 있다.

유기동물이 넘쳐나는 동물보호소를 운영하려면 안락사는 피할 수 없다. 안락사 대상의 유기동물 중에는 건강한 동물도 많지만, 정책이나 규정 등의 위반이 없다면 미국을 포함한 많은 나라의 수의사회에서는 이를 허용하고 있다. 이에 따라 미국과 유럽을 포함한 대부분의 나라에서 유기동물을 안락사시키고 있다. RSPCA의 동물보호시설에서는 2013년에 개 약 7천마리, 고양이 약 1만 4천마리가 안락사되었다. 그 대부분은 질병, 부상 등의 이유로 인한 것이지만, 여기에는 건강한 개 165마리와 고양이 538마리도 포함되어있다. 독일 동물보호연맹은 동물을 살처분해서는 안된다는 것을 동물보호시설 '티어하임'의 운영 지침에서 규정하고 있다. 그러나 치료에 가망이 없는 질병이나 부상으로 고통받는 동물은 동물복지의 관점에서 안락사를 당한다. 우리나라 농림축산검역본부의 보고에 따르면, 2017년 유실되거나 유기된 동물 103,000여 마리 중 21,000여 마리가 안락사당하였다.

각국에서는 유기동물을 줄이기 위한 많은 노력을 하고 있다. 앞서 밝혔듯이 독일에서는 개 보유에 관한 규제 및 과세를 하고 있는 한편 법으로 동물보호의 관점에서 개 사육자 등이 준수해야 하는 사육방법 등에 대한 기준을 구체적으로 규정하고 있으며, 위반하면 벌금을 부과하고, 반려동물 가게에서 강아지 판매를 간접적으로 억제하고 있다. 미국에서도 반려동물 가게에 대한 규제가 국가 및 도시 수준에서 이루어지고 있다. 로스앤젤레스에서는 영리 목적으로 사육된 개, 고양이, 토끼를 도시의 애완동물가게 등에서 판매하는 것을 금지하는 조례를 2012년에 제정했다[48].

인도와 대만은 유기동물의 안락사를 금지하는 법을 시행하고 있지만, 많은 나라에서 동물보호시설의 제한된 수용 능력과 취약한 재정 때문에 안락사 중지를 선뜻 결정하지 못하고 있다. 그 대신 사육주에 대한 수의료 지원, 주인 찾아주기 프로그램, 소유자의 정보를 기록한 마이크로칩 장착, 애완동물을 기르는 주민들에 대한 교육 등을 통해 유기동물의 수를 줄이는데에 힘을 쏟고 있다.

한편, '살처분 제로'를 표방하는 민간 동물보호단체도 있다. 이러한 보호시설의 원칙은 적절한 관리가 가능한 범위 내에서만 유기동물을 수용한다는 것이다. 그러나 같은 지역에서 한 동물보호시설이 유기동물의 수용에 제한을 두면 다른 시설에서는 수용 과잉이 되어 안락사를 많이 시켜야한다는 결과로 이어질 수 있기 때문에, 지역 내의 전 시설이 연계성을 갖고 유기동물의 보호정책을 펴는 것이 중요하다.

무엇보다도, 유기동물의 숫자를 줄이기 위해서는 사육주의 인식 변화가 필요하다. 사육주는 우선 반려동물의 사육에 대한 현실적인 면을 알아야 한다. 여러 차례 강조하는 바이지만, 동물도 고통을 피하려고 노력할 뿐만 아니라 정신적인 즐거움도 추구하며, 늙으면 많은 병에 시달릴 수 있다는 것을 인식할 필요가 있다. 또, 어린 반려동물을 충동구매하지 않고, 가능한 한 보호시설에서 유기동물을 입양하는 것이 유기동물 문제 해결의 한 방책이다. 또한 반려동물이 길을 잃어버리지 않도록 대책을 강구하는 것 역시 중요하다. 사육주가 반려동물을 잃어버렸다고 하더라도 되찾을 수 있는 내장형 인식장치를 활성화하고, 등록률을 높일 수 있는 효율적인 방안을 모색해야 한다.

반려동물이 영문도 모른 채 주인에게 버림받고 안락사당하는 일이 이제는 사라져야 할 것이다.

[48] 36 "An ordinance adding a new Section 53.73 to Article 3, Chapter 5 of the Los Angeles Municipal Code (LAMC) to prohibit the sale of commercially bred dogs, cats and rabbits in pet stores, retail businesses or other commercial establishments in the City of Los Angeles," Ordinance No.182309, NOV 09 2012. (QR 참고)

5) 동물의 살처분

농림축산식품부에서 발표한 2018년도 도축현황에 따르면 소 867,000마리, 돼지 17,369,000마리, 닭 1,004,824,000마리, 오리67,476,000마리 등 총 10억여 마리가 도축되었고, 실험동물은 3,727,000마리가 사용되었으며, 2018년도에 보호중인 유기·유실견은 12만여 마리로 전년대비 증가율은 '16년 9.3%, '17년 14.4%, '18년 17.9%인 것으로 나타났다. 이것은 유기동물이 매년 증가하고 있다는 의미이다. 구조된 유기동물 중 보호자에게 다시 돌아가는 동물은 겨우 13%에 불과하였다.

이 모든 동물을 죽이는 과정에 항상 관여하는 사람이 수의사이다. 안락사 euthanasia는 '좋은eu 죽음thanasia'이라는 뜻이다. 안락사는 회복 불가능한 상태로 지속적인 고통을 받는 동물에 대하여 통증과 고통을 최소화하는 방식으로 동물의 생명을 종식시키는 것을 말한다. 극심한 고통을 겪는 반려동물, 야생동물, 가축, 실험동물이 안락사를 당한다. 동물의 죽음은 사람이 안락사를 맞이하는 것과는 다르게 각각의 의지와 별개로 인간에 의해 생명을 빼앗긴다는 점에서 '안락사를 당한다'는 표현이 적절할 것이다.

동물의 안락사는 농장동물을 도축할 때나, 전염성 질병이 창궐하여 예방 차원에서 수많은 건강한 동물을 살처분하거나, 실험이 종료된 대부분의 실험동물을 죽여 부검하거나, 생태계 교란 방지 혹은 특정 집단의 개체수를 유지하기 위한 목적으로 건강한 동물의 생명을 빼앗는 경우와는 구분된다. 도축이나 동물의 개체수 조절, 전염병 관리 등과 같은 인도적인 처리는 안락사와는 다르게 인간의 편의 때문에 실시되는 경우가 많다.

실험동물의 인도적인 살처분에 대해서는 생각해볼 점이 많이 있다. 동물실험 후 수많은 건강한 동물을 관례적으로 부검하고 있지만, 실험 종료 후 결과에 영향을 주지 않는다면 건강한 반려동물 유래의 실험동물은 원하는 사람에게 분양할 수도 있을 것이다. 대학의 동물실험 중 약 20%는 번식시험이다. 유전자 변이 동물로부터 원하는 유전형질의 동물을 얻기 위하여 연구자는 실험동물로 하여금 지속적으로 번식을 유지하도록 한다. 한 쌍의 이형접합체 동물로부터 50마리의 동형접합체 동물을 얻기 위해 몇 마리의 산자産子; litter가 희생될까? 동형접합체 동물이 나올 확률은 1/4이기 때문에 50마리를 얻기 위해 150마리가 추가로 희생되며, 성별까지 고려하면 1/8의 확률로 350마리가 추가로 희생된다. 이처럼 유전자 변형 동물은 좋은 동물모델로써 실험의 정확도가 높아져 동물실험횟수가 줄어드는 반면, 목적에 맞지 않는 동물은 태어나는 순간 곧바로 죽임을 당한다. 실험에 당장 사용하지 않는 유전자 변형동물은 계속 번식을 유지시키지 않고 수정란을 냉동 보존하고, 목적에 맞지 않는 동물은 생후 조기에 인도적으로 처리하는 것이 바람직하다.

동물의 개체수 조절은 전염병 예방을 위한 야생동물 및 가축의 집단 살처분, 유기견 보호소의 건강한 반려동물, 건강한 위해야생조수, 소유주의 요구에 의한 건강한 반려동물 등이 해당된다. 연구에 이용되는 실험동물의 인도적 처리와 부검 대상은 실험동물이며, 도축대상은 가축이다.

야생동물의 개체수 조절은 「야생생물 보호 및 관리에 관한 법률」에 따라 시행된다. '유해야생동물'이란 사람의 생명이나 재산에 피해를 주는 야생동물을 가리킨다. 참새나 까치 등의 조류, 고라니, 멧돼지, 청설모 등 인간과 생존 경쟁을 하는 동물들이 여기에 포함된다. 제23조(유해야생동물의 포획허가 및 관리 등)의 법 규정에서는 야생동물의 포획·살처분에 환경부 장관이 정하는 총기류, 올무 등의 포획도구를 이용하여 포획하되, 생명의 존엄성을 해치지 않도록 규정하고 있다.

농작물의 피해를 주는 고라니는 국제적으로는 멸종위기종이지만 우리나라에서는 위해동물이다. 위해동물을 올무나 총기류를 이용하여 대량으로 죽이기에 앞서 동물이 꺼려하는 초음파를 발생시키고 포식자의 소리 및 배설물을 농장 부근에 배치하거나, 전기 목책, 폭음탄 등을 이용하는 방법을 대안으로 이용하는 것이 바람직하다. 제주도의 야생 노루 역시 마찬가지의 이유로 포획되고 있는데, 제주도가 농작물 피해를 막기 위해 2013년 7월부터 한시적으로 노루를 유해동물로 지정한 이후 지속적인 포획으로 개체 수가 해를 거듭할수록 눈에 띄게 줄고 있다. '제주도세계유산본부'에서 발간한 「제주노루 행동생태관리 보고서」에 따르면, 2018년 제주 전역에서 서식하는 노루는 3,800여 마리로 조사됐는데 2009년 1만 2,800여 마리에서 2015년 8,000여 마리, 2016년 6,200여 마리, 2017년 5,700여 마리로 해마다 개체 수가 줄고 있다[49].

안락사의 기준을 설정할 때는 ▸동물에게 최소한의 고통을 가하는 것을 원칙으로 하고, ▸의식의 상실과 사망을 유도할 수 있어야 하며, ▸의식 상실을 유도하는데에 짧은 시간이 소요되게끔 하고, ▸신뢰성이 담보된 안락사 시술원의 안전대책, ▸안락사의 비가역성, ▸의도된 동물의 사용 및 목적과의 적합성, ▸관찰자나 시술자에 대한 정서적 영향, ▸동물조직의 평가, 검사 또는 사용에 있어서의 적합성, ▸안락사용 의약품의 가용성 및 남용 잠재성, ▸동물의 종, 연령 및 건강 상태와 적합성, ▸적절한 작업 순서와 장비를 유지하는 능력, ▸동물의 사체가 남아있을 때 포식동물에 대한 안전 및 법적 요구사항, ▸사체 처분 후의 환경적 영향 등을 고려해야 한다.

도축, 전염병 예방을 위한 집단 살처분, 연구에 이용되는 실험동물의 부검, 부상당한 동물이나 질병에 걸린 야생동물을 제거할 때 수의사는 이러한 동물이 죽는 과정 뿐만 아니라 사망 확인 및 사체 처리에도 관여한다. 수의사는 정신적 스트레스의 해결이 필요할 정도로 안락사의 결정을 내릴 때 어려운 상황에 직면하게 된다. 수의사는 안락사를 결정할 때 동물복지의 3가지 요소를 고려해야 한다. 즉, 동물이 ❶ 신체적인 면이나 ❷ 정신적인 면에서 제대로 활동을 하고 인식을 하는지, ❸ 동물 종에 따른 특유의 자연적 행동을 보이는지를 판단한다. 동물들이 그러한 기준에 충족하지 못하고 고통이 심각할 때, 인도적으로 죽음을 주는 것이 안락사이다. 반려동물이 심하게 아파 소유자가 안락사 시키고자 할 때도 있지만, 때로는 건강한 동물의 안락사를 요구하기도 한다. 이런 경우는 수의사가 동물의 건강상태에 대해 밝히고 안락사의 대안을 제시한다.

 49 (QR 참고)

수의사로서는 건강한 유기동물의 개체수 조절, 동물의 전염병 통제, 공중보건, 위해야생동물 통제, 동물실험 후처리를 위한 안락사에 대해서도, 반려동물의 안락사와 마찬가지로 마음이 편하지 않고 어려운 점이 있다. 하지만 정책이나 규정 등을 준수하는 범위 내에서 이러한 과정을 불가피하게 거치게 된다. 미국을 포함한 많은 나라의 수의사회에서 보호소 유기동물의 입양을 적극적으로 추진하고 있지만, 입양이 되지 않는 유기동물을 안락사 시킬 필요성은 인정하고 있다. 아픈 반려동물의 안락사와는 별개로 건강한 동물보호소의 유기동물, 야생동물, 실험동물, 농장동물 등은 별도의 도축, 개체수 관리, 부검 등에 대한 지침서를 만들어 그것을 따르게 해야 할 것이다. 이러한 지침서를 만드는 과정에는 수의사, 동물과학자, 동물행동연구자, 심리학자 및 윤리학자 등이 포함된 전문가 집단이 구성되어 사회적 공감대를 형성하는 것이 필요하다.

6) 가축의 사료가 된 유기견의 운명

2019년 10월, 지자체 직영 동물보호센터에서 안락사 당한 개의 사체를 폐기물 처리업체가 사료의 원료로 사용하였다는 사실이 밝혀져, 동물보호소의 유기견 사체 처리 방법에 대해 사람들이 놀라워한 일이 있었다[50]. 소나 돼지, 닭 등은 도축하여 사람들이 고기로 이용하고, 다른 동물의 사료 원료로도 사용되고 있다. 그런데 동물보호소에서 죽은 개의 사체를 다른 동물의 사료 원료로 사용한 것은 어떻게 생각해야 할까?

「폐기물관리법」에 따르면, 강아지나 고양이를 포함한 동물의 사체死體는 '생활폐기물'로 분류되고, 동물병원 등에서 배출되는 동물의 사체는 '의료폐기물'로 처리된다. 도축장 등에서 배출되는 300Kg 이상의 가축 부산물은 사업장 폐기물로 분류된다. 개는 「축산법 시행규칙」에 따르면 가축이지만, 「축산물 위생관리법」에서는 해당되지 않아 도살장에서 도축되지는 않는다. 반려동물로 기르던 개나 고양이가 죽으면 일반적으로 동물병원에 맡겨 의료폐기물로 화장처리 되거나, 「동물보호법」에 따른 동물장묘업의 등록을 한 자가 설치·운영하는 동물장묘시설에서 처리된다.

2019년 발표된 「2018년 반려동물 보호·복지 실태조사 결과」에 따르면 동물보호시설에 121,077마리의 유기동물이 수용되었고, 그 중 총 53,394 마리가 자연사(23.9%), 안락사(20.2%) 등으로 생을 마감하였다[51]. 미국은 유기동물을 실험·연구 시설로 보내는 「Pound Seizure Law」가 존속하고 있는 주가 아직도 있지만 우리나라는 유기동물을 이용하여 동물실험을 하면 위법이다. 그 이유는, 사람과 많은 교감을 한 반려동물을 더 고통스러운 상황으로 보내고 싶지 않은, 동물을 사랑하는 사람들의 마음 때문이다. 수의과대학 입장에서는 실습 중 살아있는 동물에게 고통을 주지 않기 위해 안락사 당한 유기동물의 사체를 해부 실습용으로 사용하는것이 좋겠지만, 법에 따른 사체의 처리기준이 있기

50 (QR 참고)
51 농림축산식품부 보도자료, 2019년 7월 22일

때문에 그것도 위법이다.

지자체에 따라서는 동물보호 시설을 유지 · 관리하는 비용도 적지 않은데, 죽은 동물의 인도적인 처리 비용 역시 만만치않다. 이러한 여러가지 어려운 상황에서 지자체의 동물보호시설이 죽은 개의 사체처리를 폐기물 전문 처리 업체에 의뢰하였고, 그 업체는 랜더링으로 처리된 사체를 사료원료로 사용했던 것이다.

「사료 관리법」과 '사료 등의 기준 및 규격'에 관한 고시에 따르면, 사료 사용 제한물질 중에는 가축의 사체도 포함되어 있다. 그러나 돼지나 소, 닭이 구제역이나 조류인플루엔자 등의 전염병에 감염되어 대량으로 생매장된 후 매장지로부터 침출수가 흘러나와 주변 환경의 오염 문제가 심각해지자, 정부는 가축전염병에 걸린 가축의 사체를 사료나 비료의 원료로 재활용 할 수 있도록 「가축전염병 예방법」을 개정하였다. 「가축전염병 예방법」에 따라 발병된 사체를 재활용할 수 있는 가축전염병은 우역, 우폐역, 가성우역, 블루텅병, 리프트계곡열, 럼피스킨병, 양두, 수포성구내염, 아프리카마역, 아프리카돼지열병, 돼지수포병, 탄저, 기종저, 소해면상뇌증, 양해면상뇌증, 사슴만성소모성질병을 제외한 가축전염병에 이환된 동물의 사체로, 브루셀라병, 돼지오제스키병, 결핵병 등에 이환되어 살처분된 동물의 사체이다.

이러한 가축의 사체를 재활용하려면 랜더링rendering 시설[52]에서 가축전염병의 병원체가 퍼질 우려가 없도록 처리하고 확인하는 절차를 거쳐야 한다. 이렇게 처리된 가축의 사체는 소 · 양 등의 반추류 가축을 제외한 동물 사료의 원료, 비료의 원료, 공업용 원료, 바이오에너지 원료 등으로 사용할 수 있다. 그런데 동물보호시설에서 안락사 당한 개는 「가축전염병예방법」에서 명시한 재활용 가능 대상 가축이 아니다. 따라서 이러한 동물 사체의 경우 사료의 원료로 사용하는 것이 적법한지에 대한 검토가 필요하다.

죽은 사체를 재활용하는 것이 환경보존을 위해 적절하다는 생각을 할 수도

---

52 고온·고압으로 멸균처리하는 시설.

있지만, 반려동물로 살아오던 개와 고양이가 길을 잃거나 주인에게 버림받아 결국 안락사 당하고, 또 그 사체가 다른 동물의 사료 원료로 사용되었다는 것을 생각하면 마음이 편치 않은 사람들도 많을것으로 생각한다.

7) 개 식용 문제

(1) 식용 반려동물

인도인의 대부분은 개를 식용으로 이용하지 않는다. 그런데 인도의 북동부에 위치하고 있는 나갈랜드Nagaland에서는 개를 잡아먹고 있다. 나갈랜드는 인구가 200만으로 인도에서 가장 작은 주이며, 티벳과 버마계를 중심으로 16개 종족이 모여 살고 있다. Human Society가 이곳에서 이루어지는 개의 운반·도축·판매 과정을 촬영하였는데, 개가 짖지 못하도록 끈으로 입을 묶어서 자루에 넣고 화물과 같이 내던져지며 운반되며, 두부를 타격한 후에 사지를 분리하여 판매하는 모습을 보여주고 있었다. 이처럼 잔인한 도살에 인도의 자치담당국MAD은 나갈랜드 주정부에 대하여 살아있는 개나 식육 처리된 개의 판매를 중지할 것을 요청하였고, 나갈랜드 주정부는 개의 식용을 금지하는 방안을 진행 중이라고 한다[53].

스위스 알파인 주의 아펜젤과 세인트갈렌 지역에 사는 일부의 스위스인들은 고양이와 개를 식용으로 하고 있다. 개와 고양이의 도축장이 없어서 자가도축을 하는데, 고양이는 크리스마스의 전통 음식으로 잡아먹고, 개는 주로 소시지를 만들어 먹는다고 하는데 롯트와일러를 식용으로 가장 선호한다고 한다. 스위스에서는 개나 고양이를 도축하여 식용으로 할 때 불필요한 고통을 유발하는 것으로 판단될 때에만 불법으로 간주한다. 2015년 말, 스위스의 루체른 근교에 사는 한 사람이 방송에서 '자신이 고양이 요리를 즐기는 것은 스시나 해산물을 먹는 것과 다를 바가 없다'고 하자 이에 화가 난 동물보호단체 PETAPeople for the Ethical Treatment of Animals가 반려동물을 식품으로 이용하는 것을 전면 금지하자는 운동을 벌였다[54].

중국 위린玉林시에서는 매년 6월이면 개고기 축제를 개최한다. 여름철의 보

---

53 The Indian Epress, 10, July 2016
54 Express, swiss, 3, Nov, 2015

양식으로 개를 식용하는 풍습에서 유래되었다는 이 축제에서는 1만여 마리의 개와 고양이가 식용으로 희생된다고 한다. 국제 동물보호단체로부터 지속적인 중단 요구를 받아온 이 개고기 축제에 대해 최근 중국의 동물보호단체도 가세하여 축제를 금지하는 운동에 나섰다고 한다[55].

우리나라를 포함한 몇몇 나라를 제외하면 극히 일부 국가의 작은 지역에서 개와 고양이를 잡아먹고 있다. 개와 고양이를 식용으로 하고자 하는 사람들과 반려동물인 개와 고양이를 식용으로 하는 것을 잔인하다고 생각하는 사람들 간의 논쟁은 평행선을 달리고 있으며, 이 논쟁은 앞으로도 계속 이어질 전망이다. 그러는 사이에도 많은 개들이 잔혹하게 도축되고 있다.

반려동물이 식용으로 이용되는 이러한 안타까운 현실을 타개할 방법은 없을까? 2016년 2월, San Diego Humane Society가 한국의 식용 개 농장에서 굉장히 열악하게 사육되던 21마리의 골든 리트리버, 허스키, 도사 등의 성견과 9마리의 강아지를 구출하여 샌프란시스코로 이동시켜 사육하고 있는것으로 보도되었다[56]. 또한 2017년 1월에는 Human society가 원주의 식용 개 농장에서 사육하던 250마리 중 204마리를 미국, 영국, 캐나다 등으로 보내어 입양을 준비하고 있다고 보도되기도 하였다[57]. 개를 구출한 이유 중의 하나는, 한국에서 식용으로 사육되는 개 중 누렁이가 아닌 래브라도 리트리버, 골든 리트리버, 세인트버나드, 마스티프와 같은 반려동물이 있어서 그러한 사실을 공개하는 것이 목적이었다고 한다[58]. 또한 개 사육농장에서 근무하던 사람들도 구조작업에 동참하였으며, Human society는 개 사육농가에 다른 일을 할 수 있는 정착금을 지급했다고 하였다.

55   (QR 참고)

56   (QR 참고)

57   (QR 참고)

58   PIX 11

이와 같은 동물보호단체의 노력과 더불어 정부, 지자체, 수의사 단체가 함께 노력을 하여 마침내 우리나라의 개 식용 문제도 풀려가고 있다. 유예기간을 거쳐 2027년부터 개 식용을 위한 사육, 도살, 유통, 판매 등이 법으로 금지되는데 이는 '개의 식용 목적의 사육 · 도살 및 유통 등 종식에 관한 특별법' 제정에 따른 조치이다. 이 법은 식용을 목적으로 개를 사육하거나 증식시키거나 도살하는 행위, 개를 원료로 조리 가공한 식품을 유통하거나 판매하는 행위를 금지하는 것이 주요 내용으로 식용을 목적으로 개 도살 시 3년 이하의 징역 또는 3000만원 이하의 벌금에 처하고 사육, 증식, 유통할 시 2년 이하의 징역 또는 2000만원 이하의 벌금에 처한다. 또한, 개 사육 농장주, 식용 목적으로 도축하고 유통하는 상인들, 식장 주인은 시설과 영업 내용을 지방자치단체장에게 신고해야 하고 국가나 지방자치단체는 신고한 도축업자, 유통업자의 폐업, 전업을 지원하는 내용도 포함시켰다. 헌법 소원을 통해 위헌을 받지 않는 한, 앞으로 대한민국에서 개는 가축이 아니라 반려 동물로만 존재하게 된다.

(2) 삼복더위

황순원 작가의 소설 「목넘이 마을의 개」에서는 미친 개로 오인받은 유기견 신둥이와 몰래 사랑을 나누다, 마찬가지의 미친 개로 오인받은 간난이 할아버지의 반려견 검둥이가 보신탕이 되어버리는 대목이 나온다. 신둥이는 원체 종자가 좋아서 나중에 목넘이 마을에서 기르는 개는 대부분이 신둥이의 증손이거나 고손이었던것으로 작품 내에서 묘사된다.

　개를 식용으로 한 것은 고대 중국에서부터 그 흔적을 찾아볼 수 있다. 맹자의 梁惠王上에서는 닭, 돼지, 개, 큰 돼지鷄豚狗彘를 길러 백성들이 잘 먹으면 왕 노릇을 잘 할 것이라고 하였다. 우리나라에서는 《동의보감》에서 개의 효험에 대하여 기술하였고, 삼복더위에 보신탕으로 많은 사람들이 개를 잡아먹었다.

　삼복三伏은 중국의 고대로부터 그 흔적을 찾을 수 있다. 그러나 중국에서는 삼복더위에 개를 식용으로 하는 문화는 없고 만두와 같은 음식을 즐긴다. '伏날'의 '伏'은 개가 사람 옆에 엎드린 자세를 취하고 있는 모양으로 金氣伏藏금기복장에서 유래하였다고 한다. 그대로 풀이하자면 '金(가을)기운이 엎드려 맥을 못 춘다'로 해석된다. 여름은 양력 7월이면 끝나고 8월부터는 가을 문턱으로 들어가서 해수욕장이 운영되지 않는다. 복날은 여름의 무더운 날씨에 가을이 서서히 도전하는 7월부터 8월까지의 기간 동안 걸쳐있다. 그러나 아직 가을이 '도전'하기에는 여름 날씨가 너무 강하기 때문에 '도전장을 내민' 가을이 엎드려 숨어있는 것이다.

이 이야기는 五行으로부터 연유한다.

(ㄱ) 간지(干支)는 十干과 十二支로 나뉜다.

· 十干은 갑(甲)·을(乙)·병(丙)·정(丁)·무(戊)·기(己)·경(庚)·신(辛)·임(壬)·계(癸)로, 十二支는 자(子)·축(丑)·인(寅)·묘(卯)·진(辰)·사(巳)·오(午)·미(未)·신(申)·유(酉)·술(戌)·해(亥)로 이루어져있다.

· 十干의 甲乙은 木·東·春·靑·仁을, 丙丁은 火·南·夏·赤·禮을, 戊己는 土·中·네 계절의 바탕·黃·信을, 庚申은 金·西·秋·白·義을, 壬癸는 水·北·冬·黑·智을 나타낸다.

(ㄴ) 五行은 木火土金水로서 五行相生과 五行相剋으로 상호간의 연관성을 보이고 있다.

· 오행상생(五行相生)은 목생화(木生火), 화생토(火生土), 토생금(土生金), 금생수(金生水), 수생목(水生木)으로 변화되는 이론이다. 상생의 기운이 서로 작용을 한다면 서로 도움이 된다.

· 오행상극(五行相克)은 목극토(木克土), 토극수(土克水), 수극화(水克火), 화극금(火克金), 금극목(金克木)으로 작용하는데 이것은 상극의 대상을 억누르고 활동을 하지 못하게 하는 것이다.

· 初伏은 夏至가 지난 뒤 세 번째 庚日이고, 中伏은 네 번째 庚日이며, 末伏은 立秋가 지나고 첫 번째 庚日이다. 그런데 庚은 五行의 金[가을]에 해당하고 金이 두려워하는 것이 火[여름]이므로(火克金), 庚이 들어가는 날은 金氣가 火[더위]에 대하여 개가 사람 옆에 엎드려 있듯이(伏) 납작 엎드려 숨게 된다는 것이다(金氣伏藏).

> · 그리하여 여름에 억눌린 가을의 기운에게 보양을 해주고 힘을 나게 해주는 것이 필요하다고 하여 용봉탕(龍鳳湯, 가물치와 꿩의 요리), 삼계탕(蔘鷄湯, 6년근 인삼과 영계) 또는 보신탕(補身湯)을 먹는다[59].

사람들은 몸이 허약하다고 느끼면 복날 뿐만 아니라 상시 몸보신을 원하고, 황구 뿐만 아니라 반려견도 잡아먹는다.

수의사의 입장에서 보면, 병원에 입원한 아픈 개와 시장에서 도축된 황구가 다르게 보이지 않는다. 똑같은 개이다. 개는 사람들과 감정적인 교감을 가장 많이 하고 있는 동물이다. 어린아이가 기분이 울적할 때면 강아지가 옆에서 친구가 되어준다. 독거노인의 옆에서 다정한 친구가 되어 주기도 하고, 맹인의 길을 안내해주는 인도견, 군사작전을 수행하는 군견, 공항의 마약탐지견과 같이 사람을 위하여 봉사하는 개들도 있다. 이렇듯 사람과 많은 교감을 해온 개를 잡아먹는 것은 군자답지 못하다. 많은 이들이 사람과 함께 즐거움과 슬픔을 나누던 개를 식용으로 한다는 것을 가슴아파한다. 여름에 더위가 극성을 부리면 다리 밑에서 목매달고 죽어가던 불쌍한 개들의 모습이 어른거리는 것이 비단 필자만일까?

(3) 무술년 누렁이의 수난

무술년을 황금 개의 해라고 하는 이유는 戊무가 황색을 띠기 때문이다. 오행에서는 십간十干의 갑을甲乙은 청靑색, 병정丙丁은 적赤색, 무기戊己는 황黃색, 경신庚辛은 백白색, 임계壬癸는 흑黑색을 나타낸다. 그런데 무술戊戌이 황금의 개라고는 하지만 우리나라에서는 가장 고통 받는 개들 중의 하나인 황구黃狗이다. 동의보감의 「잡병편」 권9 '잡방제법'에 무술주戊戌酒에 대한 다음의 설명이 있다.

---

[59] 그런데 가을 기운이 엎드려있는 것을 뜻하는 '伏'자를 犬을 먹는 것으로 잘못 해석하여 補身湯으로 개를 먹기 시작한 것이 아닐까 추론해 본다.

찹쌀 3말을 찐 것과 누런 수캐 1마리(껍질과 내장을 제거한다)를 하루 종일 푹 달여 질게 찧는다. 국물 채로 밥과 함께 고루 버무리고 흰 누룩 3냥을 고루 섞어 빚는다. 14일 만에 숙성되면 빈속에 1잔씩 마신다. 원기를 보양하는데, 노인에게 더욱 좋다[60](糯米 三斗蒸熟, 黃雄犬 一隻(去皮腸), 煮一伏時, 候極爛, 擣爲泥, 連汁與飯同拌勻, 用白麴 三兩和勻釀之, 二七日熟, 空心, 飮一盃. 極能補養元氣, 老人尤佳).

《동의보감》에는 개 뿐만 아니라 돼지고기, 양고기, 녹용도 신체에 좋다고 기술되어 있다. 현대의 의학이 발전되어 있음에도 음식물이나 특이한 생약을 이용하여 말기 암을 치료하려는 사람들이 있는 것을 보면, 의학기술이 발전되지 않았던 조선시대에는 많은 사람들이 동의보감에 의존하였을 것이다.

그러나 반려동물이 700만을 넘는 시대에 사는 많은 사람들에게 황구가 우리 몸에 좋다는 속설은 그다지 와닿지 않는다. 오히려 누렁이가 불쌍하다는 마음이 더 강하게 발동되고 있다. 다른 반려견들이 귀여움을 받는 동안 황구는 태어나서 2년 동안 땅을 밟아보지도 못하고 뜬장에서 살다가 도축되어 보신탕으로 변한다. 사람과 가장 친근한 동물로서 즐거울 때, 기쁠 때, 배고플 때, 아플 때, 힘들 때에 함께 해온 개를 도축하여 잡아먹는 것은 인간의 마음 속에 본래부터 있었던 '측은지심'의 선한 마음을 해치는 것이다. 무술년 황구 띠인 필자로서는 식용으로, 또는 실험동물로 고통을 받는 누렁이의 수난(黃狗之難)이 남의 일 같지가 않다.

(4) 개는 가축에서 제외해야

가축에서 생산된 고기, 젖, 알, 꿀과 이들의 가공품, 원피를 축산물로 정의한 「축산법」에 따르면, 무술년戊戌年의 황구黃狗는 축산물을 생산하는 가축이다. 「축산법」에서 말하는 가축이란 사육하는 소, 말, 면양, 염소, 돼지, 사슴, 닭, 오

[60] 東醫寶鑑 雜病篇卷之九 雜方諸法 (한의학연구원 제공)

리, 거위, 칠면조, 메추리, 타조, 꿩, 그 밖에 농림축산식품부령으로 정하는 노새, 당나귀, 토끼 및 개, 꿀벌 등을 포함하고 있다. 이러한 동물을 이용하여 축산업을 하려면「축산법」에 따라 허가를 받아야 하는데, 시행령에 따라 등록하지 않아도 되는 가축 사육업은 가축 사육시설의 면적이 10제곱미터 미만인 닭, 오리, 거위, 칠면조, 메추리, 타조 또는 꿩 사육업과 말, 노새, 당나귀, 토끼, 개, 꿀벌 등이다. 다시 말하자면, 축산법에 따라 가축 사육업으로 등록하지 않고도 황구를 사육하여 축산물을 생산할 수 있는 것이다.

한편, 황구는「동물보호법」에 따르면 반려동물이다. 본 법에서는 '개, 고양이, 토끼, 페렛, 기니픽, 햄스터와 같이 가정에서 반려(伴侶)의 목적으로 기르는 동물과 관련된 동물장묘업, 동물판매업, 동물수입업, 동물생산업과 같은 영업을 하려는 자는 농림축산식품부령으로 정하는 기준에 맞는 시설과 인력을 갖추고 사업을 해야 한다'고 규정하고 있다. 개를 축산의 목적이 아닌 반려동물로 번식시키려면 시장, 군수, 구청장에게 허가를 받아야 한다.

개는 또한「실험동물법」에 따르면 실험동물이다[61].「실험동물법」은 동물실험의 신뢰성 및 연구자의 안전 등을 목적으로 하는 법률로, 식품, 건강기능식품, 의약품, 의약외품, 생물의약품, 의료기기, 화장품의 개발・관리・품질관리 및 마약의 안전・품질관리의 어느 하나에 필요한 실험에 사용되는 동물과 그 동물실험시설의 관리 등에 적용한다. 식약처에 등록된 동물실험시설에서 마우스, 랫드, 햄스터, 저빌, 기니피그, 토끼, 개, 돼지, 원숭이를 사용하는 경우에는 실험의 유형과 상관없이 무등록공급자 등으로부터 실험동물을 공급받으면 동물실험시설의 설치자를 벌금형에 처하도록 하고 있다.

이와 같은 다양한 법적 지위를 가지고 있는 황구는 어떤 사람에게는 반려동물로, 다른 사람에게는 실험동물로, 또 다른 사람에게는 고기로 간주된다. 황구와 비슷한 법적 지위를 가진 다른 동물은 토끼이다. 그러나 많은 사람들이

---

61 다만 황구는 의약품 개발 등「실험동물법」에서 명시한 실험보다는 축산이나 번식관련 실험에 이용되기 때문에, 등록된 실험동물 공급자들은 황구를 실험동물로 취급하지 않고 있다.

식용으로 이용되는 개가 토끼보다 더 불쌍하다고 느끼는 이유는 무엇일까? 그 것은 바로, 함께 정감을 나누던 개들의 고통을 보고 들었는데도 불구하고 그것을 외면하고 베풀지 못한다면 잔인하다고 생각하기 때문이다.

누렁이의 수난(黃狗之難)을 해결하기 위해서는 우선 「축산법」의 대상동물에서 개를 제외시키는 노력이 필요하다. 구체적으로는, 사람과 함께 생활하는 개, 고양이와 같은 반려동물의 법적 지위를 규정하고 이들을 식용에서 배제하는 법안이 필요하다. 다행히 개를 가축의 정의에서 명시적으로나마 제외하고자 하는 '축산법일부개정 법률안'이 국회에서 수년째 지속적으로 발의되어 많은 이들의 공감을 얻고 있으며, 이 법안이 통과되면 식용 개의 대규모 유통은 힘들어질 것이다.[62]

미국은 반려동물을 식용으로 이용하는 사람들이 매우 드물기 때문에 「동물보호법」에서 반려동물을 식용으로 금지하는 법안을 만들 필요성이 적어보인다. 하지만 반려동물을 식용으로 이용하는 사람들이 많았던 대만이나 필리핀과 같은 나라에서는, 반려동물의 식용화를 금지하기 위해 특별한 이유 없이 동물을 함부로 죽이는 행위를 금지하는 법안을 제정하였다.

- 필리핀의 「동물복지법」 6조에는 식육용 동물을 제외한 다른 동물[63]을 전염병 차단 목적과 같은 특별한 이유 없이 죽이면 2년 이하의 징역형에 처하도록 되어 있다.
- 대만의 「동물보호법」 12조에서는 '식용, 모피, 경제를 위한 목적 등 이외에는 동물을 임의로 도살할 수 없다'고 명시하였는데, 그러한 목적에서 예외조항을 두었다. 그것은 바로 개와 고양이는 식용, 모피, 경제를 위한 목적으로 도살, 판매할 수 없다고 정한 것이었다.
- 대만에는 2003년도에 약 160만 마리의 개와 고양이가 있었는데, 2015년에는 220만 마리로 증가하여 2017년도에 동물학대에 대한 법률 조항을 강화하게 되었다.

62   물론 개인이 개를 소규모로 사육하여 식용으로 이용하는 것은 막을 방도가 없다.
63   개, 고양이 등 포함

- 대만의 「동물보호법」에서는 동물을 산업동물, 실험동물, 그리고 개와 고양이와 같이 반려를 목적으로 사육되는 애완동물(寵物)로 규정하고 있다. 그리고 누구도 정당한 사유 없이 이러한 동물들을 죽일 수 없도록 하였다.

    ⇒ 다만, 동물로부터 육류, 피부, 모피, 깃털 또는 기타 경제적 이득을 얻거나 동물을 과학적 목적으로 이용하는 경우는 예외로 하고 있다.

    ⇒ 그 이외에도 동물의 전염병 통제, 종의 개선, 과다하게 증가한 경제동물의 개체수 조절, 부상 또는 질병으로 인한 동물의 통증 완화, 인간의 생명·신체·건강·자유·재산 및 대중의 안전에 대한 절박한 위험 방지를 위한 경우, 또는 수의사가 치료할 수 없거나 동물이 법정 전염병을 앓고 있는 경우에 대해서도 예외로 하고 있다.

    ⇒ 동법은 동물로부터 육류, 피부, 모피, 깃털 또는 기타 의도된 경제적 이득을 얻기 위하여 동물을 죽일 수는 있지만, 개나 고양이를 죽이거나 사체, 부산물, 혹은 개와 고양이의 장기가 들어있는 음식을 판매, 구매, 취식, 소유하는 경우, 또는 도축이 금지된 동물의 사체를 판매하는 행위는 위법으로 규정하고 있다.

    ⇒ 동물을 특정 사유로 죽이는 사람은 동물의 고통을 최소화하기 위해 인도적 방법으로 안락사시켜야 하며, 공공장소에서 동물을 죽이지 못하도록 하였고, 애완동물을 고통에서 구제하기 위한 안락사는 수의사가 수행해야하며, 수의사는 동물보호소 등에서 동물의 안락사를 직접 수행하거나 감독해야 한다고 규정함으로써 누구도 동물을 함부로 죽이지 못하도록 법에 명시하였다.

    ⇒ 이러한 사항을 위반하면 2년 이하의 징역 또는 NT$ 200,000 이상, NT$ 2,000,000 이하의 벌금이 부과된다.

개와 고양이를 가축의 대상과 경제적 목적으로 도살하는 대상에서 제외시키는 것이 반려동물을 위한 첫걸음이라는 것을 대만이나 필리핀의 법을 통하여 배울 필요가 있다. 그리고 더 나아가서는 반려동물이 주인과 함께 건강하게 살 수 있도록 저렴한 보건 건강 보험 서비스를 구축하여, 가능하면 많은 반려동물들이 수의료 혜택을 받을 수 있는 장치를 만들어야 할 것이다. 이러한 일에는 수의사의 헌신과 노력이 필요하며, 수의사는 반려동물의 복지를 위해 적극적으로 동참해야 할 것이다.

(5) 개 식용금지 공약

주말에 짐을 꾸려 여행을 가려하면 필자의 반려견 '꼬마(치와와 종)'는 문간에서 먼저 '낑낑'거렸다. 주말에 혼자 있기 싫어서 데려가달라고 조르는 것이다.

반려동물과 함께 살아본 사람은 동물에 대하여 몰랐던 많은 사실을 체험하게 된다. 그리고 반려동물을 가족과 같이 생각하게 되고, 다른 동물에게까지 애정을 가지게 되며, 더 나아가서는 타인에 대한 배려심을 기르는 계기가 될 수 있다.

2017년의 대통령 선거에서 대선 주자들이 동물복지에 관한 공약을 많이 하는 것을 보고 우리 사회에 반려동물과의 관계를 가진 사람들이 폭넓게 증가했다는 생각을 한 기억이 있다. 대선 후보자들이 동물복지에 대하여 관심을 가지고 공약을 하는 것은, 이러한 문제가 간과되어왔던 과거와는 달리 폭넓게 증가한 사회적 요구에 대한 새로운 방향 설정이 반영된 결과일 것이다. 대선 후보들은 반려동물 번식 및 생산업 사육관리 기준의 구체적 명시, 반려동물 이력제를 통한 생산·판매 투명화, 유기동물 발생률 감소, 내장형 등록칩 의무화, 동물복지 전담부서 신설, 동물의 법적 지위에 물건이 아닌 생명체의 권리를 부여하는 것, 동물복지형 축산농장에 대한 인센티브 제공 등을 제안하였다. 민간 동물의료 관련사업 활성화, 반려견 놀이터 확대를 위한 지방자치단체 지원, 반려동물 행동교육 전문인력 육성 및 지원시설 건립, 유기동물 재입양 활성화, 길고양이 급식소와 중성화사업 확대, 진료비 표준 산출, 동물 의료보험과 공공 동물화장장 도입, 공원과 공공기관 옥상을 활용한 반려동물 놀이터 확충, 반려동물 진료에 대한 부가가치세 폐지 등의 내용도 공약으로 제안되었다.

하지만 반려동물이자 동시에 가축이나 식용으로 사육되는 개에 대한 대책을 마련하는 후보는 드물었다. 앞서 서술한 것처럼 전통적으로 개를 식용으로 이용하였던 대만이나 필리핀도 반려동물을 소유주가 함부로 죽이지 못하도록 법으로 규제하고 있다. 주지하다시피 우리나라 「동물보호법」 8조 1항에는 동물에 대하여 '목을 매다는 등의 잔인한 방법으로 죽이는 행위'나 '노상 등 공개된 장소에서 죽이거나 같은 종류의 다른 동물이 보는 앞에서 죽이는 행위' 등을 금지하고 있다. 바꾸어 말하면 이것은 종래에 개 식용을 목적으로 도축했던 방법만을 금지하는 것으로, 이 외의 방법으로는 얼마든지 개를 도축하여 식용을 할 수 있는 것이다. 비록 특별법을 통해 2027년부터 개의 식용은 실질적으로 금지되지만 동물복지의 확실한 방향을 제시하기 위해서는, 무엇보다도 개와 영장류를 비롯한 고등동물의 사회적 교류 증대 및 정신적 고통을 경감할 수 있는 사육환경에 대한 최소한의 기준을 법규로 설정해야 할 것이다. 이에 대해 정부에서도 지속적인 관심을 갖기를 기대해본다.

(6) 일본의 개 식용

일본에서는 2014년에 쇠고기 1,227,000톤, 돼지고기 2,447,000톤, 닭고기 2,204,000톤이 소비되었다[64]. 같은 해 우리나라는 쇠고기 238,000톤, 돼지고기 810,000톤, 닭고기 496700톤을 생산하였다[65]. 그런데 의아하게도, 개를 식용으로 하지 않는 일본에서 전체 육류 소비량에 비하여 (아주 적은 양이지만) 犬肉을 2011년에 39톤, 2012년에 25톤, 2013년에 30톤, 2015년에 10톤 수입하였다. 2015년의 견육은 전량 베트남에서 수입하였다[66].

일본 열도에서는 즐문토기 시대부터 너구리뿐만 아니라 개와 늑대, 여우 등도 식용으로 이용했고, 기원전 5세기경부터 기원후 3세기경까지 약 8백 년간의 야요이시대弥生時代에서는 선진 학문·기술·문화를 일본에 들여와 정치·문화 발전에 크게 기여한 한국과 중국 사람들이 일본에 개고기 문화를 전래하였을 것으로 생각한다[67]. 고대(675년)에서 육식 금지령으로 소, 말, 개, 원숭이, 닭의 육식이 금지된 기록이 있는 것을 보면, 개를 먹던 습관이 있었던 것은 분명하다. 그 후 개를 포함한 육식의 금지령이 있었던 것은 육식을 부정한 것으로 생각한 불교의 영향이라는 설이 있다[68]. 중세에 일본에 왔던 포르투갈 선교

64　농림수산성의 축산물소비량 통계자료
65　한국농촌 경제연구원 통계자료
66　농림수산성 동물검역소 통계자료
67　西本豊弘,「イヌと日本人」,『考古学は愉しい』日本経済新聞社、1994年
68　金子裕之,『古代の都と村』

사 루이스 프로이스Luis Frois, 1532-1597는 '유럽인은 암탉, 메추리 등을 좋아하는데 일본인은 들개, 두루미, 원숭이 고양이, 해조류를 좋아한다. 또, 우리들은 개를 먹지 않지만 소는 먹는데 일본인은 소는 먹지 않고 약으로써 개를 잡아먹는다' 라고 하였다[69]. 근대에 이르러서도 아카시성이나 후쿠야마성, 가고시마 등지에서 개를 잡아먹은 기록들이 있다. 가고시마에서는 개의 배에 쌀을 넣어 쪄서 굽는 요리법이 있었다고 한다[70].

일본은 사회가 선진적인 문화로 바뀌면서 지금은 개를 식용으로 이용하지 않는다. 일본인들에게 개를 먹느냐고 물어보면, 일본에는 개를 먹는 문화가 사라졌다고 하며 개의 식용에 대하여 강하게 부정한다. 현대의 일본에 중국인이나 한국인 거주 지역에서 개고기를 파는 식당이 있으며 이를 일부 먹는 일본인들이 있을지라도, 개를 먹는 관습은 거의 사라졌다고 볼 수 있다.

그런데 2018년 11월, 동경 시내에 견육을 파는 식당들이 존재하고 있었고 일본에 이러한 견육을 먹는 문화가 있다는 것에 대해 국회의 예산위원회에서 한 참의원이 문제를 제기하였다.

- 일본의 오시마 쿠스오 참의원이 당시 11월 7일 예산위원회에서, 일본에서 개고기를 제공하는 식당이 얼마나 있는지 묻자 생활위생·식품안전 심의관은 '일본에서 개고기를 제공하는 음식점에 대해서는 파악하고 있지 않지만 일부 인터넷에서 사이트를 확인한 결과, 도쿄와 오사카 등에 약 50여 곳이 있다는 것을 확인하였다'고 답변하였다.
- 오시마 의원이 이번에는 일본의 견육 수입 상황에 대해 묻자, 심의관은 '2013년 중국에서 약 30톤, 2014년도는 중국에서 약 15톤, 2015년도는 베트남에서 약 18톤, 2016년도는 수입량이 없고, 2017년도는 베트남에서 약 20톤 수입하였다'고 답변하였다.
- 오시마 의원이 중국, 베트남 체류자의 추이를 묻자 법무성 입국 관리 국장은 '베트남인의 수는 2013년 말 7만 2,256명이었으나 2017년도 말에는 26만 2405명

69　루이스 프로이스,「일본사」
70　위키피디아, 犬食文化

으로 증가하였고 중국인 수는 2013년 말 64만 9,078명이었으나 2017년 말 73만 890명으로 늘어났다'고 답하였다.

- 오시마 의원은 대만에서 개고기 금지 법률이 제정된 것을 언급하며, 대만은 개고기를 먹어서는 안된다고 법률에 확실하게 규정함으로써 외국인들도 법에 따르도록 입법화했다는 말을 들었는데, 일본에서도 그러한 법이 필요하다고 생각하는지 총리에게 질문하였다. 그 질문에 대하여 아베 총리는 "식문화를 포함하여 각각의 문화를 서로 이해하고 존중하는 것은 아주 중요합니다. 개식용 금지에 대한 법에 대해서는 검토하고 있지 않지만, 현재 외국인 수용에 대한 환경 정비에 대해 외국 인재의 수용 및 공생을 위한 종합 대응책의 검토를 진행하고 있는 중입니다. 문화적 배경이 다른 외국인 분들을 일본에서 일하며 생활하는 사람으로 영입하여, 그들이 사회의 일원으로서 활동할 환경과 더불어 생활환경을 확보함으로써, 외국인과의 공생사회의 실현에 만전을 기하고 있는 중입니다."라며 개식용에 대해서는 애매한 답변을 하였다.

- 그러자 오시마 의원은 세계 개 동맹(World Dog Alliance)이라는 단체가 개 식용 금지에 대해 노력하고 있다며, 외국인들이 일본에 많이 들어와 그들의 (중국, 베트남 사람들이 개고기를 먹는)음식 문화가 공존하는바, 그러한 사람들이 늘어 견육식당도 생기게 되었는데, 견육의 수입량이 상대적으로 별로 변화하고 있지 않으며 심지어 수입량이 없을 때도 있고 이와 함께 살처분 당하는 개의 수가 줄기도 하는데, 이와 같이 좀처럼 알기 힘든 부분에 대하여 앞으로 확실히 고려의 대상으로 넣지 않으면 안된다며, 견육의 식용 반대 법안에 대한 첫걸음을 내디뎠다[71].

이와 같이 일본에서 견육의 식용을 반대하는 오시마 의원은 2018년 도쿄에서 열린 다큐멘터리 '아시아 견육기행'에 참석하여, 향후 국회에 "견육식용 금지의 법안 작성을 향해 움직이기 시작할 것"이라고 언급하기도 하였다.

한편, 일본의 전통악기인 샤미센을 제작할 때는 안쪽에 고양이의 뱃가죽이나 강아지 가죽을 댄다고 한다. 이러한 동물의 가죽을 일본에서는 구입할 수 없어서 수입에 의존하였다. 犬皮의 수입은 2011년 2톤, 2012년 2톤, 2013년 1

71   현장 영상: (QR 참고)

톤을 마지막으로 더 이상의 수입은 보고되지 않고있다.

일본에서는 개를 식용으로 하는 것이 합법일까? 일본의 「도축장법」은 도축장 이외에서 소, 말, 돼지, 면양 및 염소를 도축하는것을 금지하고 있다. 다른 포유동물, 즉 사슴 등의 동물을 도축장 이외에서 도축을 하고 식용으로 할 수도 있을 것이다. 가축의 공정한 거래를 목적으로 하는 「가축상법」에서 정의하는 가축은 소, 말, 돼지, 면양, 산양이다. 개는 축산동물이나 가축으로 분류되어 있지 않다. 이러한 가축이외의 동물을 도축하는 경우가 있더라도 「動物의愛護 및 管理에 関한 法律」(동물애호법)에 따르면 동물을 "함부로" 죽이는 것이 금지되어 있어, 사슴 등을 식용 등의 목적으로 이용하기 위해 가능한한 고통을 주지 않는 방법으로 도살한다면 문제는 없을지 몰라도 개를 식용 등의 목적으로 죽인다면 일본인들의 정서에 맞지 않을 것으로 해석된다.

「동물애호법」에서는 "동물은 생명이 있다는 점을 감안하여 누구도 동물을 함부로 죽이거나 부상을 입히거나 또는 괴롭혀서는 안되고, 사람과 동물이 같이 살 수 있도록 배려하며, 동물의 습성을 고려하여 적절히 취급해야 한다"라며 "수의사는 업무를 수행하면서 함부로 죽임을 당했다고 생각되는 동물사체 또는 마구잡이로 난 상처를 보거나 고통 또는 학대를 받았다고 생각되는 동물을 발견하였을 때에는 관계기관에 통보해야 한다" 라고 정의하고 있어, 특히 반려동물을 함부로 학대하지 못하도록 규정하고 있다. 그 외에 「가축배설물법」이나 「가축거래법」에서도 개는 대상동물에서 제외되어 있다.

이러한 법이 있음에도 불구하고 아직 소수의 사람들이 개를 식용으로 하는 현실에 대하여 동물보호단체는 견육 수입 반대 운동을 하고, 또한 샤미센의 재료로 사용되는 강아지 가죽의 수입 반대 운동을 지속적으로 벌이고 있다.

개는 인간과 가지는 유대관계가 깊을뿐만 아니라 많은 사람들이 직·간접적인 교감의 경험을 가지고 있는 동물이다. 몸이 털로 덮여있고 코와 윗입술이 붙어 있는 모습을 빼면 인간의 충성심, 우애, 신의, 용맹심 등 인간과 다르지 않은 天性을 느낄 수 있는 동물이다. 우리나라에서도 국회에서 개와 고양이의 도살을 금지하는 법안을 발의하였지만, 의결까지는 난항을 겪고 있다. 아시아에서 대만, 필리핀에 이어 개를 잡아먹지 못하도록 하는 법이 우리나라에서 제정될지 그 귀추가 주목된다. 한때 개를 식용으로 하였던 일본 문화에서 개식용을 하지 않게 된 문화 혁신의 고찰이 우리에게는 개 식용 금지를 위한 단초가 될 수 있으며, 향후 연구가 필요할 것으로 생각된다.

8) 실험용 반려동물

동물실험을 할 때, 현재 많은 나라에서는 허가된 시설에서 번식된 실험동물을 이용하도록 규정하고 있다. 그 이유는, 실험동물시설이 동물들의 번식 및 육성 시기의 환경과 비슷하기 때문에 동물들이 적응하기 쉽기 때문이다. 또한 과학적 검증이 제대로 된 실험동물을 연구에 사용하여 그 신뢰성을 확보할 수 있으며, 사람과 유대관계가 있었던 반려동물을 실험동물로 사용할 수 없도록 할 수 있다.

하지만 이러한 번식시설의 환경이 동물들에게 충분한 복지를 제공해주지 않는다면 이것은 오히려 동물에게 고통을 주게 된다. 우리나라의 「실험동물법」에서는 실험동물공급자는 식품의약품안전처장에게 등록하여야 한다고 하고 있는데, 이것을 등록제가 아닌 허가제로 바꾸어 검증되지 않은 실험동물을 동물실험시설에 제공할 수 없도록 하는 것도 바람직하다. 실험동물은 철저한 과학적 토대 위에서 번식되어야 하며, 또한 고통을 최대한 줄일 수 있는 인도적인 처치를 받도록 해야 할 것이다.

연구의 목적에 따라서는 야생에서 포획되어 사육·번식된 동물도 실험동물로 이용할 수 있다. 야생동물의 경우, 동물이 요구하는 바를 정확히 알 수 없기 때문에 실험실에서 적절한 복지 상태를 유지하는 것이 실험동물보다 훨씬 어렵다. 야생동물을 실험실로 수송하기 위해서는 동물에게 손상이나 스트레스를 줄 수밖에 없다. 또한 희귀종의 포획이나, 개체수가 많더라도 일부 지역에서 대량 포획을 하면 생태학적으로 영향을 미칠 것이다.

우리나라에서는 동물 수용소의 유기·유실 동물을 실험동물로 사용하지 못하도록 「동물보호법」에서 금지하고 있지만, 미국의 경우 알라바마주를 비롯한 많은 주에서 「Pound Seizure Law」에 따라 유기동물을 의학연구에 사용할 수 있도록 허용하고 있다. 주인을 찾을 수도 없고 분양도 되지 않는 유기동물이 안락사를 당하는 대신 실험동물로 사용된다면, 실험용 목적으로 번식·사육된 동물의 사용이 줄어들 수 있다는 이점이 있으며, 그러한 동물을 실험용으로 사용함으로써 사람이 반려동물과 가져야 할 윤리적 유대감을 일깨우고, 동물을 유기견 보호소로 보내는 것을 막을 수 있다는 이유에서이다. 그러나 사람과 반려관계를 가졌던 유기동물은 실험동물실에 갇혀 적응하지 못하고 그에 따른 스트레스를 받게 되며, 더구나 유기동물의 품종이 다양하고 연령, 병력, 유전적 배경을 알 수 없기 때문에 과학 연구의 대상에 적합하지 않다는 점을 생각해보면, 유기동물을 실험용으로 사용하지 못하도록 우리나라의 「동물보호법」에서 규정한 것은 윤리적·과학적으로 타당한 것으로 생각된다.

한편, 반려동물을 상점에서 구입하여 동물실험에 사용한다면 어떨까? 한때는 주인에게 사랑받았으나 버림받고 유기된 동물을 실험에 사용되지 못하도록 「동물보호법」에서 규정한 배경을 생각해본다면, 반려동물을 실험용으로 사용하는 것은 적절하지 못한 것으로 생각된다. 많은 가이드에서는 배경이 잘 알려져있지 않았거나 제어되지 않은 동물의 경우 시설내 직원이나 다른 동물의 건강에 위해를 초래할 가능성이 있기 때문에, 과학적 목적에 사용되는 동물은 반려동물을 판매하는 상점이나 공급자로부터 구입하여서는 안된다고 규정하고 있다[72].

우리나라의 「동물보호법」에서는 제32조 1항에 개, 고양이, 토끼, 페럿, 기니피그, 햄스터를 반려동물로 규정하고 있는데에 반해, 실험동물에 대한 정의는 없다. 연구목적에 따라 주인의 승인을 받고 임상시험에 제공되는 반려동물 외에도, 특정 품종의 개, 고양이, 페럿과 같은 실험용 동물을 필요로 할 수 있다. 반려동물을 판매, 수입, 생산할 수 있도록 허가받은 농장으로부터 동물을 구입하여 실험용으로 사용하는것이 윤리적으로 옳지 않다면, 이러한 동물을 실험용으로 번식시켜 판매할 수 있는 실험동물 농장의 허가제를 도입하는 것이 필요하다고 생각된다.

---

[72] Guide for the care and use of laboratory animals 8 ed

9) 반려동물의 개체 식별

(1) 방황하는 마이크로 칩

내장형 마이크로칩 장착에 대한 의무적인 규제가 현재 스코틀랜드를 비롯한 일부 국가에서 시행되고 있다. 우리나라의 경우, 농림축산식품부에서 각계의 의견을 취합하여 만든 '동물복지 5개년 종합계획'에서 유기견과 유실견을 주인에게 되찾아주는 가장 확실한 방법으로 알려져있는 마이크로칩의 사용을 2016년부터 시행한다고 발표하자, 일부 단체에서 강력히 반발하여 의무적 사용에 대한 부분을 유보하고 있는 상태이다. 마이크로칩을 사용하는것이 길 잃은 동물을 주인에게 효과적으로 되찾아주는 것보다 단점이 훨씬 많기 때문에 의무적인 사용을 중지해야 한다는 것이다.

이들 단체는 그 문제점 중 첫째로 장착시의 비용, 둘째로 안전성, 그리고 셋째로 식별의 곤란함을 들었다. 마이크로 칩MC은 직경 약 2mm 이하에 길이 약 12mm 이하의 소형 전자중계장치이다. 실험용 마우스의 꼬리 피하에 장착하는 칩의 크기는 이보다 훨씬 작다. 전자칩에 인식기를 가까이하면 칩에서 특정 신호가 발생하여 인식기가 그것을 식별하는데, 해당 식별번호를 미리 입력해둔 데이터베이스와 연결하면 동물에 대한 상세한 정보를 알 수 있게 된다. 칩 자체는 전원이 필요하지 않기 때문에, 처음 동물의 체내에 이식되면 인식기가 그것을 계속하여 식별할 수 있다.

동물의 피하에 칩을 주입하는 방법은 동물병원의 수의사라면 쉽게 할 수 있는 방법으로, 동물의 통증이나 후유증을 최소화할 수 있다. 마이크로 칩의 안전성에 대하여 의구심을 갖는 사람들은 칩에 의한 종양 발생, 체표내에서의 이동, 수의진료의 방해 등을 거론한다. 그러나 마이크로 칩에 의하여 종양이 발생하였다는 보고는 세계적으로 칩을 내장한 수천 만 마리 중 단 두 건일 뿐이다.

또한 체표내에서 이동방지를 위하여 칩의 표면을 특수 처리하여 이동을 방지하고 있고, 설령 이동한다 하더라도 근육층이 아닌 피하직에서의 이동이 경도로 일어나기 때문에 칩을 읽기에는 무리가 없다. X-ray 촬영이나 CT 스캔 시에도 마이크로 칩에 의한 문제는 없고, 일반 동물병원에서 사용하는 자속 밀도 0.5T의 MRI는 마이크로칩의 영향을 받지 않으며, MRI에 의한 칩의 내장정보 변형 역시 없는 것으로 밝혀졌다.

일본에서는 2005년 개정된 「동물 애호 및 관리법」에 소유동물에 대한 인식을 의무화하도록 하였고, 법에 따라 환경성 고시에서는 마이크로 칩의 보급을 추진하고 있다. 일본 정부는 애완동물에 대한 데이터의 중앙 관리와 개체 식별 기술의 보급, 마이크로 칩 인식기 배포 등을 추진하면서, 판매되는 고양이에 대해서도 마이크로칩 장착 의무화를 검토하고 있다. 이 사업은 일본의 동물애호협회, 동물복지 협회, 애완동물 협회와 수의사 협회로 구성된 '동물 ID 보급 추진 회의'에서 착수하고 있다. 이러한 일본에서는 동물 체내에 주입한 마이크로 칩의 부작용이나 쇼크 증상 등에 관한 보고가 지금까지 한 건도 없었다.

마이크로 칩에 내장된 특수기호와 번호 등으로 연계된 데이터베이스에는 유기동물을 비롯하여 재난시 발생하는 유실동물, 사고동물, 도난동물 등을 정확하게 찾아낼 수 있는 정보가 있어서 쉽게 떨어져나갈 수 있는 외부 인식표보다 그 유용성이 세계적으로 인정받고 있다. 이를 바탕으로, 국내에서는 동물자유연대 등의 동물보호단체와 대한수의사회가 적극적으로 마이크로 칩의 의무화를 추진하고 있었다. 하지만 농림축산식품부가 마이크로 칩의 사용 유보를 결정하였을 때, 유기동물에 대한 대책을 강구할 입장에 서있는 많은 단체들은 일부에서 주장하는 마이크로 칩의 문제점에 대한 적극적인 해명을 하지 않았고, 칩의 장착 추진에도 더 이상의 의욕을 보이지 않았다. 대한수의사회와 같은 단체가 나서서 그 동안 국내에서 시술한 마이크로 칩 대상 동물에 대한 추적조사 등을 통하여 부작용을 파악하고 적절한 칩의 가격과 시술가를 제공한다면, 마이크로 칩의 사용을 반대할 이유가 없어질 수도 있을 것이다.

마이크로 칩을 이용하여 주인을 되찾아줄 수 있다면, 지자체는 유기동물이나 유실동물의 사육 및 관리에 발생하는 비용을 절감할 수 있을 것이다. 또한 국내 애완동물에 대한 방대한 데이터베이스를 확보하여 그것을 보험을 포함하는 동물의 건강관리 수단에 이용할 수 있다면, 외장용 목걸이를 고수하는 것보다 진일보한 수의료를 실행할 수 있을 것이다.

(2) 강아지의 다양한 개체식별법

삼복더위가 지나 견공들이 마음을 놓고 있는 사이, 휴가철에 주인과 생이별을 한 강아지들이 주인을 찾으며 애를 태우곤 한다. 강아지가 사람과 같이 개체식별을 할 수 있다는 확실한 증명서라도 제시한다면 이들이 다시 주인의 품으로 돌아갈 수 있겠지만, 현재의 상황은 그렇지 않다.

사람을 식별할 때는 통상 사진과 지문을 이용한다. 동물은 인식방법이 다양하다. 농장동물의 경우, 축산물의 품질관리와 육종을 위해 가축의 개체식별이 필요하여 사진, 스케치, 문신, 낙인, 수기 이표, 바코드형 이표, 반도체형 이표 등을 사용하여 왔으며, 전자 칩과 무선인식기술을 이용하는 방법이 실용화되어 있고, 가축 안구의 홍채, 망막의 혈관모양 등을 이용한 개체식별 기술도 개발되고 있다. 야생동물의 경우에는 체표에 있는 자연적인 표식 등을 이용하여 사진 분석기술로 식별이 가능하다. GPS 추적장치를 이용한 개체식별도 연구에 많이 사용되고 있는데, 이러한 장치를 운영하기 위해서는 배터리로 운영되는 위치 발신 장치와 라디오, 위성 모뎀 등이 필요하다. 이를 반려동물에도 적용하여 유실동물 추적에 이용할 수 있지만 일반적이지는 않다.

실험용 설치류에서 사용하는 개체식별법은 잔인하다. 염료를 이용하여 피모에 표시를 할 수 있으나 식별 번호가 실험 중에 지워지면 큰 문제가 된다. 따라서 지워지지 않는 영구적인 식별법을 많이 사용한다. 수유기의 마우스는 발가락을 잘라서 식별을 하는 방법도 있으나, 이 방법은 동물실험윤리위원회에서 허용하지 않는다. 성숙한 마우스는 귓바퀴에 구멍을 내서 100마리까지도 식별할 수 있다. 실험용 개나 돼지는 대퇴부에 문신을 하여 식별한다. 이러한 방법은 가축, 야생동물, 실험동물의 경우 제한적인 개체수에 대하여 사용할 수 있다.

그러나 반려동물의 경우는 다르다. 집을 잃어버린 개는 그 향방을 가늠하기 힘들며, 소수의 집단으로 사육되는 동물에 이용하고 있는 개체식별법은 사용할 수 없다. 목줄이 전통적인 개체식별방법으로 사용되고 있지만 쉽게 유실될 가능성이 있다. 농림부는 축주에게 마이크로 칩을 강아지의 피하에 의무적으로 이식하는 것을 고려하였지만, 이 방법이 침습적이고, 부작용이 있을 수 있으며, 비용이 높다는 일부의 반대에 부딪혀 시행이 전면 무산되었다.

그러는 사이에 사람에 대한 ICT와 생체인식을 통한 개체인식기술은 날로 발전해오고 있다. 이러한 기술을 동물에 도입한 예도 보인다. 스마트폰과 블루투스 기술을 이용하여 스마트폰으로부터 강아지가 일정한 거리를 벗어나면 경고음이 울리는 방법이나, 고양이의 얼굴을 인식하여 사료의 양을 결정하는 방법 등이 개발되어있다. 이러한 첨단 기술을 이용한다면 유실·유기동물의 식별이 용이해질 것이다. 길거리를 배회하는 동물은 포획하기 힘들기 때문에 안면, 꼬리, 귀, 체표의 표식 등을 사진으로 촬영하여 이를 식별이 가능한 동물 개체정보 데이터베이스를 통해 개체인식을 할 수 있을 것이다. 자택의 인근에서 반려동물을 잃어버렸을 때 유용한 방법일 수 있다.

유기동물 보호소에 있는 동물의 주인을 정확하게 알아내기 위해서는, 현재 이용되는 스마트폰의 홍채인식기술을 동물에게 적용시키면 좋을 것 같다. 스마트폰의 카메라로 개의 홍채를 인식하여 데이터베이스 망에 해당 개의 정보와 함께 입력해놓으면, 유실됐을 경우에도 식별이 용이해질 것이다. 천만마리의 반려동물을 암수, 품종, 체모색 등으로 구별한 다음 홍채 인식을 시도한다면 데이터베이스를 수만 마리로 좁혀서 검색하게되어 적은 비용으로 주인을 찾아줄 수 있을 것으로 예상된다. 이러한 첨단 기술을 이용하는 방법으로, 큰 비용을 들이지 않고도 동물을 개체별로 인식할 수 있는 시대가 올 것이다. 음성인식과 비문인식이 그 대표적인 방법 중 하나일 수 있다.

반려동물 관련 산업이 확장될 경우 동물 개체 식별법은 번식 관리, 수의료 보험, 보건복지 관리, 유실견 관리 등에 있어서 그 근간을 이룰 것이다. 이에 대해 효율적이면서도 저비용으로 해결될 수 있는 방안이 개발되기를 기대해 본다.

10) 반려동물의 근친교배와 근교퇴화

현재 동물실험에 이용되는 근교계마우스는 아계와 유전자 조작 돌연변이 계통을 포함하여 21,000계통 이상 유지되고 있다. 각각의 근교계마우스는 사람과 유사한 질병 양태를 보이기 때문에 의약품 개발이나 질병의 연구를 위해서 많은 과학자들이 개발한 계통들이다.

근교계마우스를 만들기 위해서 과거에는 특정 목적 형질을 표적으로 근친교배를 통하여 육종을 해왔다. 현재는 근교계동물에 유전자조작을 통하여 한주에 한 계통씩 새로운 형질을 갖는 동물이 탄생한다. 육종을 통한 근교계 작출은 주로 형매교배나 친자교배를 통해서 하게 되는데, 20대 이상 근친교배를 시키면 이론적으로 한 개체의 대립유전자가 동형접합체로 되며 같은 배에서 태어난 형제도 모두 동일한 유전형질을 가지게 된다. 대립유전자가 동형접합체로 되면 많은 유전자들이 제기능을 하지 못하게됨에 따라 근교퇴화 현상이 나타나게 되어 수명이 짧아지고, 산자수가 줄어들거나, 체중이 감소하게 된다.

이러한 불리한 생물학적 현상에도 불구하고 근교계동물들은 인간과 유사한 특정 질병을 발현하기 때문에 저마다 다음과 같이 인간의 특징적 질병의 모델동물로써 그 역할을 하고 있다.

- 101마우스는 피부와 폐의 종양 발생율이 다른 계통보다 높다.
- 129마우스는 고환의 기형종 발생율이 높다.
- NOD마우스는 암컷의 80%에서 생후 30주령이면 인슐린 의존성 당뇨병이 발생한다.
- BALB마우스는 광물성 기름을 복강에 주입하면 형질세포종이 잘 발생한다. 그리고 싸우기를 좋아한다.
- BXD마우스는 혈장내 삼투압이 낮을 때 적혈구가 쉽게 파괴된다.
- C57BL/6마우스는 술과 단맛을 좋아한다.
- DBA/2마우스는 번식중인 암컷에서 72%의 고율로 유선암이 발생한다.

이와 같이 비정상적으로 높은 질병 발생도 및 행동학적 특징은 근교계 동물의 특성인 대립유전자의 동형접합성 때문인 것으로 알려져있다. 야생동물은 자연적으로 대립형질이 이형접합체로 존재하여 한쪽의 유전자가 기능을 하지 못하더라도 다른 쪽이 대신 해준다. 그러나 동형접합체는 이형접합체의 소실loss of heterozigosity처럼 대립 유전자가 없어서 그 기능의 보상을 받을 수 없는 경우가 많이 생겨 질병이 발생하게 되는 것이다. 이러한 육종학적인 방법은 의학이나 산업적인 면에서 그 유용성이 극대화된다. 하지만 그러한 과정으로 태어난 동물은 자연스러운 삶을 살기보다는 인간의 욕구에 맞추어져 변형된 부자연스러운 면을 보이고 있다.

한편, 이러한 육종학적인 방법이 반려동물에게서도 많이 이루어져 왔다. 더욱 튼튼한 견종, 사냥을 잘하는 견종, 마약을 잘 탐지하는 견종 등이 육종 방법을 통하여 개발되었다. 그 이외에도 강아지의 외모를 중심으로 비의도적인 근친교배가 이루어지는 경우도 있다. 더 작은 강아지를 탄생시키기 위해, 또는 더 순한 강아지를 기르고 싶어서 같은 계통끼리 교배를 시킬 때 본의 아니게 가까운 근친교배가 일어날 수도 있는 것이다. 비근교계 실험동물을 번식시킬 때에는 근교계 동물을 육종할 때와는 달리 근친교배를 피하기 위해 난수표를 이용한 임의교배나 순환교배를 시킨다. 그러기 위해서는 각각의 동물이 개체식별되어 있어야 한다.

우리는 살면서 언제나 내면적인 갈등을 겪고 그 과정에서 성숙해진다. 생물학적으로 대립유전자가 있는 것처럼 정신세계에도 한 가지 사안에 대하여 대립되는 갈등이 있으며, 두 사람으로부터 적어도 네 가지의 생각이 나오는 만큼 의견을 취합하기가 쉽지 않게 된다. 그러나 이러한 다양한 생각과 갈등을 거치면서 삶은 더욱 안정화되고 평온함을 얻게 되는 것이다. 실험용 동물은 그렇다 치더라도, 반려동물만큼은 근교화를 피할 수 있는 방안을 마련하여 비의도적인 근교퇴화로 인해 고통받는 일이 없도록 해야 할 것이다.

11) 반려동물과의 이별: 코코와 꼬마 이야기

(1) 코코의 나이

스마트폰이 얼마나 '스마트'한지 없는 앱application이 없다. 뭔가 궁금하여 '앱스토어' 검색창에 입력해보면 어김없이 관련 앱이 나온다. 꽤나 쓸모 있는 앱들이 상당히 많은데, 그 중에는 동물의 나이를 환산해주는 앱도 있다.

앱으로 나이를 환산해보니, 몇년 전 이별을 한 필자의 강아지 '코코'는 사람 나이로 치자면 거의 여든살을 넘긴 것 같다. 그리고 당시 내 나이는 강아지 나이로 환산하면 열한 살 정도인 것 같다. 강아지 나이로 보자면 코코가 필자보다 생물학적으로 더 늙어서 저 세상으로 간 셈이 되었다.

사람은 나이가 들수록 더욱 인격적으로 완성되고 원숙해지려 한다고 공자는 설파한다. 《논어》의 「위정爲政」편에서는 "吾十有五而志于學(열다섯이 되어 학문에 뜻을 두었고), 三十而立(삼십이 되어 가치관을 확립하는데에 뜻을 두었으며), 四十而不惑(사십이 되어 일에 대하여 의혹이 없도록 하였으며), 五十而知天命(오십이 되어 天命을 알려고 하였고), 六十而耳順(육십이 되어 상대가 하는 말을 순순히 받아들였으며), 七十而從心所欲 不踰矩(칠십이 되어 마음이 가는대로 따라도 원칙을 벗어나지 않는다)"라고 하였다.

사람의 연령을 표시하는 한자들 역시 참으로 많다.

- 15岁는 지학志學 또는 여자의 성년식에 비녀를 꽂는다하여 笄年계년 이라 하였다.
- 16岁는 瓜오이를 반으로 자르면(破瓜: 파과) 八자가 두 개 생겨 16이 된다고 하여 과년瓜年이라 하였다.
- 30岁는 입년立年 또는 장년壯年이라 하였고,
- 40岁는 불혹不惑 또는 강사强仕라고 하였으며,
- 50岁는 지명知命 또는 쑥이 철이 되면 하얗게 변하는 것처럼 머리털 색이 하얗게 변한다고 하여 애년艾年이라 하였다.

- 60歲는 이순耳順또는 육순六旬이라 하였고,
- 70歲는 종심從心 또는 고희古稀,
- 77歲는 희수喜壽라고 하였는데 '喜'자가 七十七을 종縱으로 세워놓은 것처럼 보이기 때문이다.
- 88歲는 八十八을 종으로 세워놓은 것이 '米'자처럼 보이기 때문에 미수米壽라고 하였다.
- 99歲를 백수白壽라고 한 까닭은 '百'에서 '一'을 빼면 '白'이 되기 때문이다.
- 100歲는 백년百年 또는 기이期頤라고 하였다. 100세가 한 期이며 頤이는 공양 받을 나이를 의미한다.
- 백년해로百年偕老는 백 년 동안 같이 산다는 뜻이며, 백년후百年後는 '돌아가신 후'라는 의미를 담고 있다.
- 또한 망望을 숫자 앞에 붙이는 경우가 있는데 '望'은 멀리 본다는 뜻이다. 따라서 망팔望八은 79세가 아니고 71세를 뜻한다.

코코가 사람 나이로 치자면 희수喜壽를 넘겨 팔순八旬에 가까워지고 있었다. 그러고 보니, 이별하기 전 코코는 하루 종일 잠을 자는 시간이 더 많았던 것 같다. 그리고 필자의 또 다른 반려견이었던 어린 치와와 '꼬마'가 계속 귀찮게 해도 순순히 받아주었다. 강아지도 사람과 같이 나이가 들수록 원숙해지는 것 같다. 그런 코코를 보고 있으면 세월이 유수流水와 같이 빠르다는 것을 느끼곤 하였다.

(2) 코코와 꼬마

코코는 배변훈련이 잘 되어서 강아지 시절부터 화장실에서 용변을 잘 처리하고 가족에게 귀여움을 받으며 살아왔는데, 이가 세 개나 빠지고 녹내장으로 인해 한쪽 눈을 실명한 '시추 할머니'였다. 어릴 때부터 아토피 때문에 피부염을 앓아온 것을 제외하면 그럭저럭 건강하게 잘 살았다. 필자의 자녀가 초등학생이었던 시절부터 함께 데리고 자며 놀아주어 한 가족이 된 코코가 한쪽 구석에서 힘없이 자고 있는 모습을 보면 안쓰러워 깨워서 같이 놀아주기도 하였다. 이전과 같은 활기찬 반응을 보이지는 않았지만 그래도 유일하게 훈련받은 '베트콩(이 말을 들으면 누워서 죽은 척 한다)'은 여전히 잘 기억하여 어릴 때의 모습을 보여주었다. 유방암 수술 때문에 열흘 가까이 입원을 하여 그 빈자리가 더욱 쓸쓸한 적도 있었다.

그런데 어느 날 딸아이가 치와와 한 마리를 갑자기 입양하였다. 평소 아내는 강아지를 한마리 더 키우자는 아이들의 간청을 들어주지 않으며 한 마리 더 들여오면 다른곳에 가서 살겠다며 위협(?)을 하던 차였다. 하룻밤에 갑작스레 데려온 손바닥 크기의 치와와를 보고 집안에서는 잠시 긴장감이 흘렀지만, 이내 마음 약한 안사람은 입양을 묵인(?)하고 말았다.

그런데 한 살도 되지 않은 꼬마 치와와 강아지가 할머니 코코를 몹시도 괴롭혔다. 꼬마는 용변을 못가려 아무데나 오줌을 싸고 다녔다. 어떤 때는 '지그재그' 모양으로 오줌을 흘리고 다니는가 하면 소파의 뒤 같은 '은밀한 곳'에 배변을 하기도 하였다. 할 수 없이 두 평 정도의 운동 공간을 화장실에 붙여서 만들어 주었다. 그런데 코코가 용변을 보기 위해 그 공간에 들어가면 난리가 났다. 꼬마가 겁도 없이 코코에게 덤벼드는데 이빨 빠진 할머니 코코는 이리저리 피해 다니다가 힘에 겨워 가만히 서 있었다. 그러면 꼬마는 앞뒤로 코코를 공격했는데, 참다 못한 코코가 잇몸을 드러내며 겁을 주면 그제야 한쪽으로 물러났다.

가끔 꼬마와 같이 놀아주게 하려고 코코를 그 구역에 머물게 하면서 사료를 주었다. 그러면 꼬마는 사료를 먹으면서도 으르렁거리며 코코의 사료를 호시탐탐 노렸다. 그러다가 갑자기 코코에게 덤벼들면 코코가 물러나고 그 틈을 타서 코코의 성견 사료를 먹었다. 옆에서 보고 있자니 코코를 잘 이해할 수가 없었다. 나이도 먹을 만큼 먹었고 체격도 꼬마보다 더 큰데 왜 저렇게 꼬마의 공격에 대하여 피하기만 하는 것인지. 귀찮아서 그럴까, 아니면 겁이 많아서 그럴까. 혹시 손주 뻘 되는 꼬마에 대한 배려 또는 양보에 의에서 저러는 것이 아닐까 하고 코코를 의인화擬人化해 볼 때도 있었다. 코코에게 배려나 양보와 같은 사람만이 가지고 있는 마음이 있었다면 나는 코코를 보는 관점을 달리해야 할 것이다.

사람과 동물 사이에는 비슷한 점이 많이 있다. 동물도 사람과 마찬가지로 통증이나 두려움, 기쁨을 느낀다. 사람과 동물이 다른 점은 의식意識에 관련된 것이라기보다는 자의식自意識에 대한 차이로 생각하는 사람이 많이 있다. 맹자는 이르기를 "사람이 금수와 다른 바는 아주 적은데 많은 사람들은 얼마 안되는 그 적은 것을 유지하지 못하지만 군자는 그것을 보존한다"라고 하였다(孟子曰 人之所以異於禽獸者 幾希하니 庶民은 去之하고 君子는 存之니라). 여기서의 "얼마 안되는 그 적은 것"은 사람이나 동물이 태어날 때 하늘로부터 받은 性, 즉 인의예지仁義禮智이다. 군자는 금수와 달리 仁義禮智를 잘 보존한다. 그러나 많은 사람들은 동물처럼 그것을 유지하지 못하고 버려서 금수에 가깝게 된다. 즉, 금수는 仁義禮智와 같은, 군자만이 가지고 있는 天性을 유지하지 못하는 것으로 맹자는 생각하였다.

코코가 진정으로 꼬마에 대한 배려나 양보를 보였다면 그것은 仁義禮智 중 禮의 단서端緒가 되는 사양지심辭讓之心으로 볼 수 있을 것이다. 辭는 '내 것을 갖지 않는다'는 뜻을 가지고 있으며 讓은 '내 것을 남에게 주다'라는 의미가 있다. 이것이 혹시 코코가 가지고 있는 꼬마에 대한 마음이 아니었을까?

많은 동물학자들은 동물이 보여주는 행동에서 인간의 도덕성과 유사한 점을 찾아내었다. 영장류와 인간의 비교행동학적 연구로 유명한 프란스 드 발Frans de Waal은 침팬지 등의 유인원이 보여주는 도덕적 행위에 대한 많은 저술을 하였다. 또한 익사 위기의 조련사를 물 밖으로 끌어낸 돌고래 이야기나, 화재로부터 주인을 구해낸 개의 이야기 등은 동물도 사람의 도덕적 기준에 해당하는 행위를 한다는 것을 보여주고 있다. 그 도덕성은 바로 맹자가 언급한 仁義禮智의 사단四端에 해당되는 행위일 것이다. 동물의 생명을 구하면서 다른 동물의 안락사를 시행해야 하는 모순을 안고 살아가는 수의사에게는 동물과 인간의 관계에 대한 해석을 하는데에 있어서 어려운 점이 많이 있다. 그러나 이러한 연구

결과들이 계속 축적된다면, 언젠가는 모순 없이 동물과 더불어 사는 미래가 올 것이라고 생각된다.

(3) 코코, 그리고 꼬마와의 이별

코스모스 한들거리는 한계리의 소나무 그늘 아래에 있는 코코의 무덤. 자연의 품으로 돌아간 코코는 13년을 살았다. 불과 한나절 동안 먹지 못하더니 마지막에는 걸어서 현관 쪽으로 가서 호흡곤란 증세를 보이며 생을 마감하였다. 아마도 코코는 자신에게 많은 정을 준 다른 가족들을 기다렸을 것이다. 코코는 어떠한 생을 살았을까?

동물도 사람처럼 고통을 느끼며, 심지어는 감정적인 교감을 나누기도 한다. 동물 역시 공포를 느끼고 고통을 피하고자 하며 원하는 것을 적극적으로 갈망한다는 점을 생각할 때, 동물에게 고통과 갈망에 대한 최소한의 배려를 해줄 필요가 있다고 생각한다. 「동물보호법」 제3조(동물보호의 기본원칙)에서는 '누구든지 동물을 사육·관리 또는 보호할 때에는 다음 각 호의 원칙이 준수되도록 노력하여야 한다'고 규정하고 있다:

- 동물이 본래의 습성과 신체의 원형을 유지하면서 정상적으로 살 수 있도록 할 것
- 동물이 갈증 및 굶주림을 겪거나 영양이 결핍되지 아니하도록 할 것
- 동물이 정상적인 행동을 표현할 수 있고, 불편함을 겪지 아니하도록 할 것
- 동물이 고통·상해 및 질병으로부터 자유롭도록 할 것
- 동물이 공포와 스트레스를 받지 아니하도록 할 것

이러한 기본적인 요구에 더하여 동물의 쾌적한 삶과 사람과의 적절한 동반을 위해서 동물이 원하는 것이 무엇인지, 그에 대해 해줄 수 있는 것은 무엇인지 조금 더 적극적으로 생각해볼 수도 있다. 그러기 위해서는 먼저 동물들이 현재 어떠한 상태에 있는지에 대한 분석이 필요하다. 동물의 현재 복지 상태를 정량

화하기 위해서는 동물 자신에 대하여 복지를 방해하는 정도, 방해 지속시간, 그리고 영향을 받는 개체 수를 측정한다. 동물의 행동이나 공포, 질병, 파행, 생산성, 성장률 등에서 동물이 얼마나 고통을 받고 있는가를 측정한 수치가 복지를 방해하는 정도라고 볼 수 있다. 이러한 분석을 통해 고통을 피하기 위하여 동물이 노력하고, 또한 선택을 하려는 의지가 있다면, 우리는 동물에게 우리의 입장에서 무언가를 막연히 해주려고 하기보다는 동물이 원하는 것을 정확히 파악하여 도움을 주는 것이 바람직할 것이다. 또한, 동물도 환경과 신체적 변화에 따라 원하는 것이 변한다는 사실을 생각하여 동물에 따른 적절한 사육환경을 제공해주어야 한다. 따라서 동물이 선택하는 사항 및 적극적으로 추구하는 요소를 관찰하고, 사양관리에 있어서 그러한 부분을 적절하게 고려해준다면 동물이 더욱 윤택한 삶을 살 수 있을 것이다.

코코의 복지수준은 충분하지 않았던 것으로 생각된다. 나이가 들면서 아토피성 피부염이 심해졌고, 상대적으로 운동량도 많이 부족했던 것 같다. 코코가 떠난지 삼년 하고도 두 달 만에 여섯 살짜리 꼬마와도 이별을 하고 말았다. 코코가 생을 마감하기 약 일년 반 전쯤 백신을 접종하러 간 동물병원에서 꼬마의 심장음heart sounds에 잡음이 있다는 진단을 받고, 대학병원으로 데려가서 정밀검진을 받게 하였다. 담당교수의 진단결과에 딸아이는 절망스러워 했고, 어린 꼬마는 아무것도 모른 채 집으로 돌아왔다. 좌심실과 좌심방 사이의 이첨판과 우심실과 우심방 사이의 삼첨판이 손상되어 심장 수축시 혈액이 폐동맥으로 역류하여 그리 오래살 수 없다는 소견과 함께 뇌수종 진단도 함께 나왔다. 딸애는 꼬마의 심장수술을 받게 하고 싶어했지만 현실은 그리 만만치가 않았다. 혈관확장제와 이뇨제 등으로 약을 일 년 하고도 두 달간 매일 정성스럽게 준 딸의 보살핌이 있었음에도, 꼬마는 어느 날 딸이 출근한 직후 곧바로 호흡곤란을 일으켰다. 심장에서 혈액이 역류하면서 폐수종이 심해졌을 것으로 추정되었다.

착하고 말을 잘 알아들었으며 얌전했던 강아지 코코와, 딸의 가장 친한 친구로 살아와 준 꼬마를 생각하면 마음이 아프다. 코코와 꼬마가 우리 식구에게

남긴 것은 오로지 좋은 추억 밖에 없다. 그래서 아쉬움은 더욱 크게 다가온다. 또한 꼬마에게 많은 정을 주었던 딸아이는 마음을 추스르기가 쉽지 않아보이는것 같았다.

반려동물과의 이별은 동물이나 사람 모두에게 힘든 과정이다. 그 동안 필자의 가족에게 따뜻한 마음을 선사해준 코코와 꼬마에게 감사를 표하며, 한편으로 충분히 잘해주지 못한 아쉬움과 함께 이 지면을 빌어 이별을 고하고자 한다.

3

농장동물

1) 집단 사육 농장동물의 전염병

우리나라의 양돈 산업이 구제역Foot and Mouth Disease, 아프리카돼지열병ASF 등의 역병으로 위기에 봉착하고 있다. 백신이 없는 아프리카돼지열병이 경기 서북부에 창궐하면 전국의 방역체계가 초비상 사태에 돌입하게 된다. 일선에서 방역을 담당하는 수의사는 물론 수의·축산업에 종사하는 모든 수의사가 ASF의 종식을 간절히 바라고 있다.

집단으로 사육되는 동물시설에는 전염병에 취약한 개체가 항상 존재한다. 태어나 어미로부터 받은 항체가 소멸되는 시기의 유약한 동물이나, 쇠약하여 면역력이 저하된 동물들이 가장 먼저 병원체의 공격에 대해 방어하지 못하고 감염된 후 다른 동물에 병원체를 전염시키는 전파자 역할을 하게 된다. 집단 사육 동물에 전염병이 전파되는 경로는 크게 세 가지로 나누어볼 수 있다.

- 첫째는, 보균한 동종의 야생동물들이 질병을 전파하는 것이다. 동물시설이 제대로 차폐되어있지 않다면 야생동물이 시설 내로 들어와서 사육되는 동물과 접촉하면서 병원체를 전파시킬 수 있다. 야생동물이 접근할 수 없도록 시설을 차단하는 것이 중요하다.

- 둘째는, 병원체가 오염된 사료나 물, 기자재, 차량 등을 통하여 사육시설로 유입되는 것이다. 병원체에 따라서는 에어로졸Aerosol을 통한 공기 전파가 이루어지는 것도 있는데, 이러한 병원체를 원천적으로 막는 것은 매우 어렵다. 실온에서 장기간 불활화되지 않는 바이러스나 아포spore 형태로 생존하는 병원체도 있다. 이와 같이 병원체가 오염된 사료, 물, 기자재 등은 소독과 멸균을 한 다음 제공해 주어야 한다.

- 셋째는, 매개에 의한 질병의 전파이다. 병원체가 절지동물이나, 종이 다른 동물에게서 병원성을 보이지 않으면서 증식한 후 숙주동물을 감염시키기도 한다. 사람도 병원체의 매개에 중요한 역할을 한다. 감염동물과 접촉한 사람이 피복이나 체표에 오염된 병원체를 통해 다른 동물에게 옮길 수 있는 것이다.

이상과 같은 다양한 전파 경로가 복합적으로 연계되어 병원체가 급속히 전파하게 된다.

ASF바이러스는 섭씨 60°C에서 20분 만에 불활화 되지만, 저온에 강한 저항성을 보여 혈액이나 대변 및 사체의 조직에서 오랫동안 생존할 수 있다. 요리하지 않은 돼지고기 제품에서는 3 - 6개월까지 감염력이 있는 바이러스가 존재할 수 있다. 따라서 오염된 사료나 기자재 등을 통해 ASF 감염이 가능하다. 또한 물렁진드기 체내에서 바이러스가 증식하여 진드기에 물린 돼지가 감염될 수도 있고, 앞서 언급했듯 사람이 매개자로 병원체를 전파할 수도 있다. 야생 멧돼지가 감염되어 인근의 농장에 ASF를 전파시킬 가능성 역시 높다고 볼 수 있다.

돼지가 감염되면 ▸4일의 잠복기를 거친 후 심급성으로 증상 없이 사망하거나, ▸고열과 출혈을 보이며 6 - 13일 만에 급성으로 사망하거나, ▸5 - 30일 후에 사망하는 아급성 형, ▸2 - 15개월만에 피부의 괴사나 관절염 등을 보이며 ASF 보균자로 살아가는 만성형의 경과를 보이기도 한다. 이렇듯 다양한 형태로 질병이 경과하므로, 세계동물보건기구World Organization for Animal Health에서는 의심되는 동물로부터 바이러스를 분리하거나 혈청학적 진단에서 양성으로 확진되면 사육돼지를 즉시 인도적으로 살처분하도록 권하고 있다.

최초의 질병유입이 어디에서부터 이루어졌는지를 추적하는 것은 질병의 전파를 막는데에 있어서 대단히 중요하다. 또한 감염이 확산되는 시점에서는 모든 감염 경로를 고려하여 질병의 전파를 막기 위한 대책을 세우는 것이 무엇보다 중요하다.

이 대책 중에 포함되는 것이 대량 살처분이다. 역병이 발생한 농장 인근의 모든 동물은 방역상의 이유로 영문도 모른 채 생명을 빼앗긴다. 야생 동물 역시 질병을 전파한다고 판단되면 모두 살처분된다. 동물에게도, 동물을 기르던 사람에게도, 그리고 살처분을 담당하는 사람에게도 모두 상처를 주는 일이 반복되고 있다.

2) 위기의 한국 축산

한국 축산이 위기 상황이다. 축산시설은 가축 분뇨로 인한 냄새와 환경오염으로 기피 대상이 되었고, 집단 사육으로 인한 질병관리가 어려워 수시로 대량 폐사와 더불어 가축을 안락사시킨다.

생산성을 증가시키기 위한 방안으로, 사육주는 가축의 생물학적 특성에 맞는 사육방법보다는 인위적인 집약식 사육 방식을 택한다. 우유는 좁은 우리에 갇혀 가벼운 운동조차 제대로 하지 못한 소로부터 생산된다. 축산선진국에서는 초지에서 방목한 착유우가 8년 동안 우유를 생산하는 반면에, 우리나라의 소는 겨우 3년의 수명으로 생산하고 있다. 계란은 좁은 철망에 갇혀 세상 구경을 못하고 사육주가 주는 사료만 먹고 사는 산란계에 의해 생산된다. 어미 돼지는 좁은 스톨에 갇혀 갓 태어난 새끼에게 젖을 먹이고, 새끼들은 시멘트 위에서 사육된다. 이렇게 투자 대비 생산성이나 사료공급 효율을 높이는 방안만을 추구해온것이 요즈음의 집약식 축산기술이다.

　사람들이 단백질을 필요로하는 한 축산은 없어서는 안될 중요한 기술이다. 목축과 축산기술이 없었다면 사람들은 단백질원을 사냥에 의존하며 지구상의 동물들이 멸종했을 것이다. 하지만 현대식 축산기술을 지금과 같이 그대로 유지하는 것이 과연 타당한 일일까? 이것은 동물복지의 측면에서뿐만 아니라, 자연스럽지 못한 생활에서 사육된 동물로부터 생산된 단백질을 섭취하는 사람에게도 좋지 않은 영향을 준다. 2017년에는 계란에 살충제가 섞인 사건을 계기로 많은 소비자가 산란계의 사육 방식을 알게되는 등, 동물이 고통받는 사육 환경이 개선되기를 희망하고 있다.

　동물에게는 각각의 생물학적 특성이 있고 그러한 특성을 제대로 발휘할 때 건강을 유지할 수 있다. 축산을 포기하지 않는 한, 이제는 각 축종마다 생물학적 특성에 맞는 사양 기준을 만들어야 한다. 그와 더불어 외국에서 전량 수입하고 있는 사료를 국내에서 자급하는 방안과 더불어, 매년 되풀이되고 있는 가축전염병의 근절방안도 연구수준이 아닌 현실적으로 제시되어야 할 것이다.

3) 농장동물의 복지

알타이산은 우즈베키스탄과 중국, 러시아, 몽고가 접경을 이루고 있는 산이다. 필자는 신장Xinjiang 지역의 천산과 알타이산 일대에 서식하는 동물들의 모습을 보기 위하여 생태조사팀에 합류한 적이 있다. 하지만 중국의 명산은 그 모습을 보여주지 않았다.

그 동안 중국의 태산에 가기 위하여 두번이나 여행을 하였지만 그 때도 올라갈 수 없었다. 입장 시간에 쫓겨 오르지 못하는가 하면, 눈보라로 인해 케이블카의 운행이 중지되어 발길을 돌리기도 했다.

황산에 갔을 때는 3일 동안 비구름에 덮여 풍광을 볼 수 없었다. 그러한 일이 없기를 바라며 천산과 알타이산 여행을 시작하였지만 역시 문제가 발생하고 말았다. 천산에 가기 위해 우르무치에서 오전 8시경에 출발하여 오후 5시에 화정이라는 곳에 도착했는데, 국경 인근의 분쟁과 안전상의 이유로 천산으로 들어가는 검문소에서 외국인을 통과시켜주지 않았다. 하는수 없이 오던 길을 되돌아 트루판에 도착한 시간은 오후 11시를 넘기고 있었다.

천산을 포기하고 알타이산으로 가기 위해 투루판에서 구이툰, 카라마이, 부얼틴을 거쳐 허무禾木에 도착하여 알타이산에 오를 준비를 하고 있었다. 그런데 아침부터 심하게 오던 비가 멈추지 않았다.

허무에서 40km의 산길을 말을 타고, 걸어서 黑湖에서 일박을 하고, 카나스까지 가면서 야생동물을 관찰하기로 했는데 비가 계속 오면서 산에 오를 수 없게 되었다. 허무에는 강이 흐르고 초지가 많았으며, 알타이 산의 기슭으로 길가나 숙소에 소와 말들이 어슬렁거렸다. 카라마이까지 끝이 보이지 않던 사막지역은 부얼틴에서 허무로 가는 길부터 광활한 초원으로 변해 있었다. 초원에서 방목된 소들이 자유롭게 돌아다니며 풀을 뜯어먹고 있는 모습은 가축을 대규모로 집단 사육하고 있는 중국의 타 지역과는 완전히 다른 모습이었다.

이와 같이 광활한 초지에서 목축을 하고 있는 모습을 우리나라에서는 강원도 대관령에서 극히 일부 볼 수 있지만, 대다수가 산림지역인 우리나라는 현재로써는 이러한 방목식 목축이 힘들 것 같다. 결국 좁은 축사에서 동물들은 건강유지에 필요한 활동을 할 수 없고, 계획적으로 사육되는 밀집 사육방식 때문에, 해마다 되풀이되는 가축 전염병은 동물과 축산인 모두에게 힘든 나날을 보내게 하고 있다.

생산성이 줄더라도 보다 넓은 초지를 개발하여 방목하면서, 집단 사육하는 축산에서 발생하는 전염병을 막을 수 있는 사육환경의 획기적인 개선이 요구되고 있다.

필자가 이러한 생각에 잠시 잠겨있는 사이, 오전의 빗줄기가 가늘어지더니 이내 멈추었다. 무거운 배낭을 짊어진 채 말 등에 실려 허무에서 카나스까지 40km 거리의 알타이 산 트레킹에 나섰다.

해발 1,500m에 이르기까지 너덜지대와 좁은 벼랑을 반복하며 올라가자 넓은 초지로 뒤덮인 산이 나타났다. 초지로 덮인 산은 카나스까지 계속되어, 초지 위로 양떼와 소떼가 무리를 지어 이동하고 있었다.

해발 2,600m 고도에 있는 黑湖 옆에서 거처하고 있던 현지 목축인의 게르Ger에서 1박을 하였다. 아침에 일어나보니 산 여기저기에 소떼와 양떼의 무리가 보였다. 이들은 추운 겨울에는 산 아래의 목장으로 가축을 데려와서 사육시킨다고 한다. 자연 방목과 집약식 축산을 병행하고 있는 것이다.

알타이 산의 동쪽 산 너머 몽고에서도 이와 같은 방목형 축산을 하고 있다. 그러나 몽고에서는 혹독한 겨울에 먹을 사료가 없어 많은 동물이 대량 폐사한다(Dzud). 이것은 주변 환경에 대처할 수 있는 현대식 축산에 의존하기보다는 전통적인 방목에 의한 결과로 볼 수 있다. 방목과 축산을 적절히 조합시키면서 사육관리를 하는 알타이 산의 서쪽지역은 동쪽지역과 대조되고 있었다.

살충제 오염으로 문제되고 있는 계란의 생산과정에서, 그 대안으로 동물복지를 고려한 사육방식이 많이 거론되고 있다. 독자들은 대충 짐작을 하고 있겠지만, 계란이 생산되는 과정은 아름다운 전원적 풍경과는 거리가 멀다. 우리나라의 경우 대부분의 산란계농장은 배터리식 케이지에서 닭을 키우고 있다. 배터리식 케이지는 배터리를 종횡으로 층층이 쌓아놓은 것처럼 케이지를 구성하여 동물을 사육하는 집약식 사육방식이다. 토끼, 밍크사육 등에도 사용되고 있지만 주로 산란계 사육에 많이 적용되고 있다. 닭은 A4용지보다 적은 공간에서 움직이지도 못하고 본연의 행동을 제한받으며 알을 낳다가 도계屠鷄된다.

　EU에서는 2012년도에 배터리식 사육을 금지하여 2024년도에 완전히 없앤다는 계획을 세웠다. 이 계획에 의하면 동물복지형 닭장에 햇대를 설치하고, 닭장의 높이가 최소 45cm가 되도록 하며, 넓이는 최소 750cm^2이 되도록 하였지만 동물보호단체는 이러한 조치가 배터리케이지에 비해 나아진 것이 없다고 주장하고 있다.

　배터리케이지에서 닭을 사육하려면 우선 ▶부화한 병아리를 암수 감별 후 수평아리는 바로 살처분하고 암평아리들은 서로 공격을 하지 못하도록 부리를 자른다. ▶그리고 산란 전의 어린 닭들을 300 – 600cm^2의 좁은 케이지에 가두고 죽기 전까지 알을 낳게 한다. ▶닭의 공격성 저하와 활동성 감퇴를 목적으로 조명도 10lux이하로 조절한다. ▶그리고 운동부족과 지속적인 산란 때문에 뼈는 연약해져 골다공증이 발생한다. ▶늙은 닭들은 때로 도계를 하지 않고 장기간 절식을 시켜 다시 알을 낳도록 유도하기도 한다(強制換羽). 이러한 사육방식에서 닭 진드기뿐만 아니라 많은 전염성 질병이 쉽게 이환되어 계사 전체에 전파될 것이라는 것은 쉽게 예상할 수 있다. 이미 동물복지 사육을 추구하면서 배터리식 사육을 금지한 EU의 산란계 농장에서도 식품에 사용이 금지된 피프로닐Fipronil에 계란이 오염된 사실을 상기해보면, 집약식 축산에서 동물들에 축적된 위해물질이 얼마나 많을지 상상할 수조차 없다.

　현재 우리나라에서 추진하고 있는 동물복지농장도 집약식 축산의 범위에 속한다. 집약식 축산에서는 전파력이 강한 전염병을 예방 단계에서 막지 못한다면 전 개체가 순식간에 질병에 이환될 것이다. 인간에게 귀중한 단백질을 공급해주는 농장동물은 기계가 아닌 생명체로써 바이러스나 세균, 기생충과 같은 외부의 침입에 대한 자체적인 방어기전을 가지고 있다. 우리는 가축이 이러한 방어기전을 스스로 활성화할 수 있도록 사육환경을 개선해야 하며, 동물들이 대처하기 힘든 환경과 싸울 때는 전문적인 지식을 이용하여 동물의 질병을 막아야 할 것이다.

　농장동물을 사육하여 식용으로 이용하기 위한 집단사육방식을 배제해나가면서, 동물과 인간이 공존하기 위한 사육방식의 개발과 확고한 집단 방역체계의 개선 등이 동물복지에 있어서 무엇보다 중요할 것이라 생각한다.

4) 농장동물의 수의료 서비스

개 사육장과 판매 업소에서 동물에 대한 비인도적인 학대행위를 금지시키고, 또한 동물간호사 도입에 따른 자가 진료 문제를 해결하기 위하여 「수의사법」 시행령에 대한 개정이 필요하게 되었다. 이에 관하여 2016년에 수의사회에서는 수의사 단체에 의견조회를 하였다. 자신의 동물에 대한 사육자의 자가진료 행위는 1994년부터 「수의사법」 제10조의 "수의사가 아니면 진료를 할 수 없다"는 조항에 대통령이 정하는 진료행위 예외조항을 신설하면서 시작되었다. 그 당시는 산업동물 축산농가의 생산비 경감 등을 위하여 자가진료를 허용하는 것이 목적이었으나, 현재는 개와 고양이 등의 반려동물을 포함하는 모든 동물에 대한 자가진료가 횡행하여 동물학대의 우려가 커지고 있는 것이다.

이러한 자가진료의 폐단에 대하여 농림부에서 제시한 개정안은, 자신이 사육하는 동물에 대한 범위를 「축산법」 제22조에 따른 가축사육법 허가 또는 등록의 대상이 되는 가축[73]이나, 농림축산식품부 장관이 고시하는 가축[74]으로 하여 반려동물과 명확하게 구분한다는 것이다. 이제 개와 고양이는 소유주에 의한 자가진료 행위로부터 벗어날 수 있게 되었다.

그러나 반려동물 이외의 농장동물, 실험동물 등은 여전히 자가진료의 대상으로 되어있다. 물론 농장동물을 사육하는 축산농가가 생산성에만 집착하던 과거와는 달리 복지축산 또는 유기축산이라는 인식의 기반 위에서 농장을 운영하기 시작한 것은 사실이다. 하지만 농장의 이러한 변화에도 불구하고, 축산농가의 경제적인 면과 지리적인 면만을 고려하여 법적으로 농장동물이 반드시 수의사에 의해 수의료를 받지 않아도 된다면, 농장동물의 고통은 여전히 해결되지 않은 상태로 남게 될 것이다. 실험동물 역시 같은 처지에 있다. 수많은 동물이 사육되고 있는 동물실험시설에서 수의사가 반드시 동물의 건강상태를 살피고 수술 등의 처치에 참여해야 함에도 불구하고, 실험동물시설에서 수의사

---

[73] 소, 돼지, 닭, 오리, 양, 사슴, 거위, 칠면조, 메추리, 타조, 꿩
[74] 노새, 당나귀, 토끼, 꿀벌, 말, 수생동물

를 의무적으로 고용해야 하는 법 규정은 찾아볼 수 없다.

가축, 야생동물, 실험동물, 동물원동물, 반려동물 등의 모든 동물이 질병과 고통에서 벗어나 사람들과 공존하는 것이 바람직하다. 동물용 의약품의 판매에 대하여, 「약사법」 제85조(동물용 의약품 등에 대한 특례) 7항에서는 다음과 같이 규정되어있다.

- 약국 개설자는 제6항의 각 호에 따른 동물용 의약품[75]을 수의사 또는 수산질병관리사의 처방전 없이 판매할 수 있다.

이에 대하여 농림축산식품부에서는 「처방대상 동물용의약품 지정에 관한 규정」 제3조(동물약국 개설자)에서 다음과 같이 규정하고 있다.

- 「약사법」제85조 제7항 단서에 따라 동물약국 개설자가 수의사 또는 수산질병관리사의 처방전 없이 판매하여서는 아니되는 동물용 의약품은 다음 각 호와 같다.
  1. 주사용 항생물질 제제
  가. 제2조 제1호 다목의 항생·항균물질을 유효성분으로 하는 동물용의약품 중 주사제 제형의 동물용의약품
  2. 주사용 생물학적 제제
  가. 제2조 제2호 가목의 생물학적 제제 중 주사제 제형의 동물용의약품

이것은 자가진료가 허용된 동물의 소유주가 각종 의약품을 구입하여 동물에게 임의로 처치할 수 있도록 법적으로 허용해준 것이 된다. 따라서 동물의 소유주가 자가진료를 할 수 있다는 조항을 없애는 것이 최선이겠지만, 그럴 수 없다

---

[75] 6항에서는 "다음 각 호의 어느 하나에 해당하는 동물용 의약품을 수의사 또는 수산질병관리사의 처방전 없이 판매하여서는 아니된다"고 규정하고 있다: 오·남용으로 사람 및 동물의 건강에 위해를 끼칠 우려가 있는 동물용 의약품, 수의사 또는 수산질병관리사의 전문지식을 필요로 하는 동물용 의약품, 제형과 약리작용상 장애를 일으킬 우려가 있다고 인정되는 동물용 의약품

면 동물의 소유주는 어떠한 경우에도 동물을 치료하는 과정에서 수의사의 처방 없이 생물학제제를 포함하는 의약품을 처방하거나, 제조하거나, 투여할 수 없다는 단서를 동물의 범위를 지정하는 안과 함께「수의사법」의 개정안에 넣는것이 필요할 것으로 생각한다.

동물의 모든 질환에 대한 진료와 예방조치를 실행하는 동물 진료업은 동물의 질병, 질환, 고통, 불구, 결함, 상해 등의 물리적 · 치과적 · 정신적 상태에 대하여 진단, 예찰, 치료, 교정, 수정, 완화, 예방을 하는 행위이다. 이는 질환의 진료와 예방에 관한 모든 것을 아우르고 있으며, 그 수단은 다음과 같다.

- 내·외과적 방법
- 약물의 처방·조제·투여
- 의학, 생물학, 기구, 마취 등을 활용한 기타 처치나 진단물질의 응용
- 보조의약품, 대체의약품, 보조치료제의 사용
- 번식관리에 대한 방법을 이용한 동물의 건강상태 결정
- 통신수단이나 전자매체를 통하여 위의 사항에 대해 추천이나 권고

농장동물에 대한 전문 의약품의 사용은 수의사의 처방에 따라 처치하도록 제시하고 간단한 외상 소독과 같은 최소한의 처치를 허용한다면, 전문적인 의약품의 사용과 수의료에 대하여 비전문가에 의한 진료를 차단하는 효과를 가져올 수 있을 것이다. 그리고 향후에는 동물약품과 관련된「약사법」의 개정과 함께「동물보호법」에서도 실험동물에 대한 수의사의 관리 역시 의무화할 필요가 있을 것으로 생각한다.

III
실험동물

1
동물실험

1) 필요한 동물실험, 불필요한 동물실험

2019년까지의 노벨 생리・의학 부문 수상자 216명 중 180명이 실험동물을 이용한 연구를 수행하였다. 1901년 독일 과학자 Emil Adolf von Behring[1854-1917]는 기니픽, 말 등을 이용한 동물실험을 통해 디프테리아[Diphtheriae] 백신을 개발하여 첫 번째 노벨 생리학・의학상을 수상하였다. 이후 많은 과학자들 역시 동물실험으로 과학적 쾌거를 이루었는데, 그 중 눈에 띄는 수상내역은 다음과 같다.

- 1934년-개를 이용하여 빈혈 치료제를 개발
- 1944년-고양이를 이용하여 축삭의 고도로 분화된 기능적 차이에 대해 연구
- 1990년-개를 이용한 장기이식 기술 개발
- 2003년-마우스, 개, 침팬지, 돼지, 토끼, 개구리 등을 이용하여 자기공명영상장치 개발에 기여
- 2005년-돼지를 이용하여 헬리코박터 파일로리 균 연구
- 2008년-마우스, 원숭이, 침팬지를 이용하여 인간면역결핍 바이러스 발견
- 2015년-마우스, 개, 양, 소, 닭, 원숭이를 이용하여 새로운 말라리아 치료법 개발
- 2017년-초파리를 이용하여 활동일주기를 조절하는 분자 메커니즘 발견
- 2019년-마우스를 이용하여 산소 농도에 따른 세포의 반응 및 적응 연구

이 밖에도 수상자들은 초파리에서부터 꿀벌, 선충, 성게, 게, 조개, 오징어, 개구리, 두꺼비, 뱀, 랫드, 마우스, 햄스터, 토끼, 개, 고양이, 돼지, 양, 소, 닭, 비둘기, 칠면조, 원숭이, 침팬지에 이르기까지 많은 동물종을 실험동물로 이용하였다.

동물실험을 통한 과학자들의 업적은 의약품의 개발로 실용화되고 있다. 갑상선 기능 저하증의 치료제인 Synthroid는 랫드와 개를 이용하여 실험하였고, 콜레스테롤 조절 약물인 Crestor는 랫드, 비글, 고양이, 원숭이, 토끼를 실

험동물로 이용하여 개발되었다. 위와 식도의 역류성 질환 치료제로 잘 알려진 Nexium은 랫드, 비글, 토끼를 이용하여 실험하였다. 실험동물을 이용한 연구는 사람뿐만 아니라 다른 동물의 질병을 치료하는데에 있어서도 중요한 역할을 한다. 디스템퍼, 광견병, 전염성 간염, 파상풍, 전염성 파보바이러스성 설사, 고양이 백혈병 백신 등도 동물실험을 통하여 개발되었고, 진단에 필요한 동물용 CT나 MRI 및 초음파와 같은 기술들도 모두 동물실험을 거쳐 그 효과와 부작용을 알게 되었다.

개와 고양이에 대한 외과수술 기법이나 의료기기의 개발 역시 동물실험을 통해 안전성이나 효과를 검증하고 있다. 최근에는 분자생물학적인 분석법을 이용하여 ▸반려동물과 인간의 질환사이에서 병리 발생기전의 유사성을 찾아내어, ▸실험동물로 동물실험이 완료된 신약을 질병에 이환된 반려동물에게 임상시험을 하고, ▸반려동물에게서 안전성과 효력이 입증되면 사람에게 적용하는 방법을 통하여 동물과 인간의 치료제를 효과적으로 개발하는 방법을 모색하기도 한다.

연구자들이 인간과 동물의 질병을 구제하기 위해 실험동물을 대상으로 연구하여 새로운 치료법을 개발하는 것은, 기아를 해결하기 위해 사냥을 했던 원시시대와 같이 인간과 동물을 질병으로부터 보호하기 위한 생존전략이라고 생각된다. 그런데 어떤 사람들은 동물실험을 중지해야 한다고 주장한다. 질병으로부터 수명을 연장시켜주고 고통을 구제해주는 의약기술의 발전이 사람들에게 필요하지 않다는 의미일까? 아니면, 동물실험과정 중에 동물에게 주는 고통이 질병 때문에 인간이 받는 고통보다 종종 더 무겁다고 생각하기 때문일까? 또는, 동물실험을 통해 개발된 의약품이 사람에게 적용되는 확률이 낮기 때문에 동물실험이 무의미하다고 주장하는 것일 수도 있다.

의료기술을 적용하는 과정에서는 효과와 함께 부작용 역시 뒤따른다. 아무리 좋은 효과를 지닌 약이라 할지라도 용량이 초과되면 독성이 나타나기 때문에, 동물실험을 통하여 그러한 부작용을 보이는 용량을 예측하여 적절한 투여 용량을 결정한다. 또한 동물에게 좋은 효과를 보이는 약물이 사람을 대상으로 하는 임상시험에서는 효과가 나타나지 않을 수도 있다. 사람들을 질병으로부터 구하고자 하는 과학자들의 노력에도 불구하고, 동물에게 고통을 주면서도 좋은 결과를 얻지 못하는 비극은 수시로 일어나고 있다. 이 과정에서 실험을 당하는 동물을 생각해보자. 동물들에게는 부작용이 나타날 수 있는 용량보다 몇 배 더 강한 용량이 투여되거나, 필요 이상의 장기간 투여로 고통이 지속되거나, 연구자가 예측하지 못한 질환에 이환되는 경우도 많다.

한편, 과학자들이 수행하는 모든 동물실험이 창조적이고 과학적인 것은 아니다. 이미 학술지에 발표된 동물실험 결과가 있음에도 같은 실험을 반복하는 경우도 있고, 또한 사회통념상 건전하지 않은 목표의 동물실험을 하려는 과학자도 있다. 동물실험을 반대하는 의미는 아마도 이러한 불필요한 동물실험을 하지 말자는 주장일 것이다.

동물실험을 거친 의약품을 사용하는 사람이라면 누구도 동물실험 그 자체를 부정할 수는 없을 것이다. 동물실험을 수행하는 과학자들이 염두에 두어야 할 것은, 실험동물을 임상시험의 대상이 되는 피험자被驗者와 유사하게 다루어야 한다는 것이다. 다시 말하면, 동물실험 과정 중에는 실험동물에게 불필요한 고통을 주어서는 안된다. 대부분의 실험동물은 농장동물보다도 더 심하고 지속적인 고통을 받고, 결국 안락사(살처분) 당한다. 인간과 동물의 복지를 위하여 실험동물이 희생되어만 한다면, 실험과정 중에 수의학적 처치를 통한 고통의 적극적인 구제가 필요하며, 더 나아가서는 사람유래의 세포나 줄기세포, 또는 배양된 장기유사체Organoid 등을 이용하여 실험동물을 대체해나가는 것이 바람직할 것이다.

2) 동물실험 결과의 왜곡

1930년 벨기에의 뮤즈계곡에서는 공장에서 배출된 이산화황이 지면에 장시간 노출되어 수백 명의 주민이 호흡기질환과 심장병으로 고통을 받고 63명이 사망하였다. 이와 유사한 사고가 1948년에 미국 도노라, 1950년에 멕시코 포자리카, 1952년에 런던에서 발생하였다. 1953년에는 질소가 함유된 물을 마신 어린아이들이 청색증을 보이는 블루베이비병Blue baby syndrome이 체코와 미국에서 발생하였고, 1955년 일본에서는 우유에 섞인 비소를 먹고 2,000여명의 환자가 발생하여 그 중 130명이 사망하였다. 1956년에는 일본 구마모토현의 미나마타시에서 수은에 축적된 어패류를 먹은 111명 중 47명이 수은 중독으로 사망하였다. 비슷한 시기에 일본의 도야마현에서는 카드뮴에 오염된 어류와 식수를 이용한 사람들이 이따이이따이병Itai-itai disease을 앓았다. 1984년에는 인도의 보팔에서 메틸이소시안 중독사고가 발생하여 2,800여명이 사망하고, 피해보상을 청구한 사람이 58만여 명에 이르는 대형 참사가 발생하였다.

이와 같이 세계적으로 화학물질에 의해 인명 뿐만 아니라 가축과 야생 동·식물에게 큰 피해를 준 사건도 많다. 1986년에 스위스 바젤시에서는 살충제, 중금속 등이 라인강으로 흘러들어 지하수를 오염시켰다. 그 결과 수중생물이 대량 폐사하였고 그 피해액은 400억 달러 이상으로 추정하고 있다. 국내에서의 환경오염 사고는 울산의 온산공업단지에서 지역 주민 1,000여명이 보인 전신 마비 증세를 시작으로, 1991년의 낙동강 페놀오염사건, 1994년의 인천 유리섬유로 인한 괴종양 사건에 이어 2012년에는 구미에서 불산이 누출되어 5명의 근로자가 사망한 사건이 보고되어있다. 2011년에 발생한 가습기 살균제에 의한 사고의 경우 영유아를 포함하여 총 1,403명이 사망하였고 6,000여명이 피해 접수를 하였으며[76], 그 외에 발생한 재산적·정신적 피해는 예측하기 어려울 정도이다. 이는 지금까지 보고된 세계적인 환경오염 사건의 피해 인명

76 (QR 참고)

수를 초월하는 숫자이다. 얼마나 많은 소비자가 노출되었는지, 또 그들의 폐가 어느 정도 손상되었는지 확인이 힘들 정도이다.

환경오염원의 인과관계를 밝히는 데에는 동물실험의 역할이 매우 중요하다. 원인으로 추정되는 물질과 사람의 질병을 밝히기 위하여 역학적인 조사를 수행하지만, 동물실험을 통하여 그 인과관계가 밝혀진다면 짧은 시간 내에 오염에 대한 대책을 세울 수 있는 것이다.

동물실험은 어떤 물질에 대한 사람의 반응을 예측하기 위해 실험용 동물을 이용하여 미리 그 반응을 보는 것이 목적이다. 동물실험의 설정이 잘못되거나 실험 환경이 적절히 조성되지 못하면 그 결과를 신뢰할 수 없게 된다. 실험동물은 집단으로 사육되고 있어서 전염성 질환이 전파되기가 아주 쉽다. 또한 사육환경에서 병원성 미생물에 오염되거나 적절치 못한 사료, 깔개, 음수 등을 제공하면 사육되는 많은 동물에게서 임상적인 소견과 병리조직학적 병변이 보이게 된다. 이러한 동물을 이용하여 실험처치를 하면 그 결과를 해석하는데에 많은 어려움이 뒤따르게 된다. 여기에 더하여 화학물질의 안전성을 파악하기 위해 실시한 동물실험의 임상병리학적·조직병리학적 결과를 이러한 다른 요인에 의한 변화로 알 수 없게 된다면, 그 위해성에 대한 해석이 힘들게 된다. 실험동물을 너무 적게 사용하거나 지나치게 많이 사용해도 비의도적인, 또는 의도적인 통계학적 결과를 얻게 된다.

이러한 동물실험 결과를 가장 정확하게 해석하기 위해서는 동물의 전신 장기에 나타나는 병변을 해석하는 실험동물에 대한 독성병리학적 해석 능력이 무엇보다 중요하다. 설혹 실험에 제공된 모든 동물이 전염병에 오염되어 있더라도, 시험물질의 처치군과 무처치군 사이에서의 변화를 특수염색기법 등의 다양한 방법으로 추적하는 노력이 독성병리학적으로 뒷받침되어야 한다. 식약처를 비롯하여 화학물질, 농약 등의 안전성을 평가하는 국가 기관에 실험동물에 대한 독성병리를 전문으로 담당하는 부서가 필요한 이유이다. 정부는 의약품이나 화학물질의 안전성에 대해 동물실험 전문기관을 통해 얻은 자료를 심도있게 판독하여 그 결과를 확보해야 한다.

EU는 연간 1톤 이상 제조하거나 수입되는 모든 화학물질에 대해 그 위해성에 따라 등록·평가·허가를 하도록 하는 REACH_{Registration, Evaluation, Authorization and Restriction of CHemicals}를 2007년에 발효하였다. 우리나라는 모든 신규화학물질 또는 연간 1톤 이상 기존 화학물질을 제조·수입할 경우 매년 보고하거나 그 이전에 미리 등록하도록 하는 「화평법_{화학물질 등록 및 평가에 관한 법률}」이 2013에 제정되었다. 이러한 법에 따라 대상 화학물질을 등록하려면 동물실험결과를 제시해야 한다.

향후의 동물실험 결과를 보다 정확히 해석하기 위해서는 peer review 전문가의 참여도를 높이는 것이 필요하다. 동물실험을 통하여 인간의 질병이 사전에 차단되고 또 치료되어야함에도 불구하고 동물실험 결과가 왜곡되어 오히려 질병의 피해를 입은 사람들이 더 고통을 받게 한다면, 그러한 동물실험은 용인되어서는 안될 것이다.

III. 실험동물

2

모든 동물실험은 해도 되는가?

1) 인간 - 돼지 키메라

장기이식에 관한 주제가 사회적으로 자주 등장하고 있다. 가족이 장기이식을 필요로 할 때 누가 공여자의 역할을 할 것인지 결정하는 가족 간의 갈등이나, 가족이 아닌 공여자를 찾기 위해 절박한 생각까지 하는 모습을 우리는 여러 매체에서 흔히 보게 된다.

이러한 장기이식 문제를 해결하고자 인간과 동물의 키메라Chimera를 만들고자하는 과학자들이 있다. 키메라는 그리스 신화에 등장하는 괴물로 사자의 머리와 양의 몸, 그리고 뱀의 꼬리를 가진 기괴한 동물이다. 키메라를 과학적으로 재현하려는 시도는 1961년에 폴란드 바르샤바대학의 안드레이 타코우스키 교수Andrzej Krzysztof Tarkowski, 1933-2016가 서로 다른 유전형질을 가진 쥐에서 성공하여 그 길을 열었다. 현재는 이러한 기술을 기반으로, 특정 유전자가 돌연변이 되거나 제거된 마우스를 만들어 많은 과학자들이 인간의 질병에 대한 동물모델로써 실험에 이용하고 있다. 한편, 실용적인 목적 때문에 태어난 키메라 동물도 있다. 1984년에 Carole B. Fehilly등은 몸은 양의 특징을, 머리는 염소의 특징을 보이는 종간 키메라를 생산하여 「Nature」지에 발표하였다[77].

최근에는 인간의 질병을 치료하고자 인간과 동물 사이의 키메라 기술을 도입하고 있다. 이 기술은 2006에 Daylon James등이 마우스의 배반포에 사람의 배아줄기세포를 주입하여 인간의 줄기세포가 동물에게서 어느 정도 분화하는지를 관찰하면서부터 시작되었다. 그 실험은 윤리적인 문제로 인해 줄기세포를 주입한 배반포를 대리모의 자궁에 이식한 후 5일째에 종료하도록 계획되어 사람과 키메라, 마우스의 탄생은 허용되지 않았다. 그런데 2019년의 「Nature」지 7월 26일자 뉴스에 따르면, 일본의 문부과학성 전문위원회가 살아있는 인간의 세포를 포함하는 동물의 배아를 대리모에 이식시켜 키우는 실험을 승인하였다고 보도하였다.

 77 (QR 참고)

- 동경대와 스탠포드대학에서 키메라동물 제작 연구진을 이끌고 있는 히로미츠 나카우치 교수가, 인간의 세포가 자라는 마우스와 랫드의 배아를 각각의 대리모 동물의 자궁에 이식하여 인간-동물 키메라를 탄생시킨다는 계획을 제출하여 승인을 받았다.
- 2010년에 나카우치 박사는 저명한 과학저널지인 「Cell」에, 마우스와 랫드 사이에 키메라 기술을 이용하여 췌장이 발생되지 않도록 유전자를 조작한 마우스로부터 배양한 배반포에 랫드의 유도만능줄기세포를 주입하여, 랫드의 췌장을 마우스에서 분화시켰다고 보고하였다.
- 그 후 2013년에는 마츠나리 박사가 췌장이 발생되지 않도록 조작된 돼지로부터 배양한 배반포에 형광유전자가 발현하는 돼지유래의 만능유도줄기세포를 주입하여, 형광을 발하는 췌장을 가진 키메라 돼지를 생산하였다.
- 이러한 연구결과를 바탕으로 나카우치 교수는 인간과 돼지의 키메라를 만들어 사람들이 필요로 하는 이식용 장기를 공급하고자 연구계획서를 제출하였지만, 일본 정부는 그 실험을 허용하지 않았다.
- 현재 나카우치 교수는 본 실험이 미 연방법에 저촉되지 않는 캘리포니아에서 인간-동물 키메라 연구를 수행하고 있다.
- 「MIT Technology Review」에 따르면, 수의사인 UC Davis의 Ross 교수는 Salk 연구소와 공동으로 6개의 인간-돼지 키메라배아 embryo를 암퇘지의 자궁에 이식하였고, 나카우치 교수와 함께 10개의 인간-양 키메라를 임신시켰으나 착상 후 태아에서 인간세포는 확인하지 못하였다.
- 일본은 2019년 3월까지, 인간 세포가 내부에 섞인 인간동물 키메라배아는 14일 이상 배양하지 못하며 대리모 자궁으로의 이식도 금지했다.
- 그런데 같은 달에 문부과학성은 인간-동물 키메라배아를 대리모 동물에게 이식할 수 있도록 허용하는 새로운 지침을 발표했다.
- 나카우치 교수팀은, 유전자 조작을 통하여 췌장을 생산할 수 없었던 랫드의 배아에 마우스의 체세포유래의 유도만능줄기세포를 주입하여 태어난 키메라 랫드로부터 마우스 세포로만 이루어진 췌장이 형성된 것을 확인하였다. 이들이 랫드에서 만들어진 마우스 췌장을 당뇨병이 이환되도록 유전자 조작된 마우스에 다시 이식했더니, 혈당 수치가 조절되어 당뇨병 마우스를 효과적으로 치료할 수 있었다고 「Nature」에 보고하였다.

이러한 일련의 연구로부터, 나카우치 박사는 궁극적으로 인간 세포로 이루어진 장기를 생산하는 동물을 만들어 결국 사람에게 그 장기를 이식하는 것을 목표로 하고 있다. 이제 나카우치 교수팀은 돼지에서 인간-돼지 키메라배아를 최대 70일까지 키울 수 있도록 정부 승인을 신청할 계획이라고 한다.

한편, 돼지나 양의 배아에 주입된 인간줄기세포가 인간장기로 분화하는 것은 그리 쉬운 일이 아니다. 나카우치 교수팀은 췌장이 발생하지 않도록 조작된 양의 배아에 인간줄기세포를 주입하였는데, 28일동안 자란 키메라배아에는 인간 세포가 거의 없었으며 췌장도 발생하지 않았다고 보고하였다. 이것은 인간과 유전적으로 유사하지 않은 동물에서는 키메라 기술로 인간의 장기를 만드는 것이 어렵다는 것을 보여주고 있는 것이다. 돼지나 양의 장기는 인간의 장기 크기와 유사하며 이들 동물이 식용으로 사육되기 때문에 키메라 기법을 이용하여 인간의 장기를 돼지나 양에서 만드는 것이 윤리적으로 수용되지만, 원숭이나 침팬지를 그러한 목적으로 이용한다면 윤리적인 문제를 피하기 어려울 것이다. 일부 생물윤리학자들은 동물의 배아에 주입된 인간의 줄기세포가 표적장기 이외에 뇌나 감각기관으로 분화될 가능성에 대해서도 우려하고 있다.

1920년대에 프랑스 외과의사 서지 보로노프Serge Voronoff, 1866-1951는 사람들의 수명을 연장하고 활력을 되찾게할 수 있다는 신념으로 원숭이의 고환을 박절, 사람의 고환에 이식하여 많은 부와 명성을 얻었다. 보로노프는 사후, 그가 고환을 이식시술할 때 면역거부 반응이나 원숭이로부터 전염될 수 있는 질병 등을 고려하지 않았고, 시술 후 생각만큼 효과가 좋지 않았다는 비판을 받아왔다. 그러나 최근의 연구에 따르면, 동물의 고환은 면역반응이 미치지 못하는 곳으로 이종장기의 이식 후에 조직편이 장기간 생존한다는 사실이 밝혀지면서 보로노프 박사에 대한 과학적 비판이 조금은 수그러들고 있다.

돼지에 인간의 장기를 만들어 이식을 기다리는 많은 환자에게 희망을 주고 싶다는 나카우치 교수의 신념이 보로노프 박사의 시술처럼 비판을 받을지, 아니면 인간의 수명을 연장시키는 희망이 될지 아직은 아무도 모른다. 그러나 이러한 연구를 이종동물 사이에서 수행하여 그 결과를 본 다음 인간에게 적용할 데이터를 축적할 필요는 충분히 있다고 생각된다.

국내에서도 이러한 연구가 시작될 전망이다. 우리나라에는 「생명윤리 및 안전에 관한 법률」에 따라 인간의 배아와 동물의 배아를 융합하는 행위가 금지되어있는데, 이 법에서 정의하는 배아란 인간의 수정란 및 수정된 때부터 발생학적發生學的으로 모든 기관器官이 형성되기 전까지의 분열된 세포군細胞群을 말한다. 따라서 배아줄기세포를 배아의 일종으로 보더라도 유도만능줄기세포를 이용한 키메라 작제는 위법 사항이 아닌 것이다.

그러나 이러한 연구에는 아직 논란의 여지가 많다. 식육으로 이용하고 있는 동물에 인간의 장기를 만들어 사람에게 이식한다는 것이 비윤리적인지의 논의를 차치하더라도, 키메라를 작제할 때 과연 동물의 체내에서 목적하는 장기에만 인간의 세포군이 증식할 것인지 의문이 생긴다. 키메라 작제시 인간의 줄기세포가 동물의 체내에서 3-5% 정도만 분화할 것이라는 예측에도 불구하고, 혹시 동물의 뇌신경계나 생식기에 인간의 세포가 대량으로 분화한다면? 생각만 해도 끔찍한 일이다. 부작용, 그리고 윤리적인 측면에서 충분한 사전 검토가 필요한 대목이다.

2) 수의임상시험센터

인간의 질병을 대상으로 하는 의약품의 개발에 엄청난 연구개발비가 투입되지만, 그 중 성공하는 의약품은 아주 드물다. 따라서 동물의 자연발생 질병을 대상으로 병의 기전을 밝히고 치료제를 개발한 다음, 그것을 기반으로 인간의 치료제를 개발한다면 인체의약품 개발의 효과를 극대화할 수 있을 것이다. 대학 동물병원에 자연발생질병을 보이는 반려동물을 대상으로 신약의 임상시험을 윤리적으로 할 수 있는 수의임상의학연구소를 설치하여 동물과 인간의 신약개발이 진일보할 수 있는 체계를 만들면, 반려동물뿐만 아니라 인간의 질병 치료에도 많은 도움이 될 것이다.

사람의 의약품은 규정에 따라 안전성과 효능을 동물과 사람에게서 평가한 후 신약으로 탄생하게 된다. 우선, 신약 후보물질이 개발되었을 때 설치류와 비설치류를 이용하여 안전성을 평가하는 전임상 시험을 거치게 된다. 이러한 과정에서 사람에 대한 예상 투여량에서 독성이 없다면, ▶▶ 엄격한 윤리적 규제 하에서 소수의 건강한 환자를 대상으로 신약 후보물질의 안전성을 평가하고(임상 I상), ▶ 그 다음 수백 명의 환자를 대상으로 적용질환과 최적의 투여량을 설정한다(임상 II상). 그리고 ▶임상 III상에서는 수천 명의 환자를 대상으로 안전성과 유효성을 종합적으로 평가한다.

전임상 시험과정에서는 설치류와 비설치류 각각 1종을 이용하여 안전성을 평가한다. 이러한 동물들의 유전적 요인과 사육환경은 어떨까? 그들이 필요로 하는 환경은 사람의 그것과 많이 다르다. 전임상 시험에 주로 사용되는 랫드는 근교화가 일어나지 않도록 교배를 통하여 유지되고 있지만, 어느 정도 유전적 동질성을 가지고 있는 폐쇄군Outbred; Closed colony 집단이다. 이들은 실험목적상 같은 사료와 물을 섭취하고, 일정한 온도, 습도, 조도, 환기, 습도에서 사육되며, 질병상태도 거의 유사하게 조절되어있다.

실험용 동물을 이용한 독성실험 결과를 건강한 사람에게 적용하여 부작용 여부를 평가하는 임상 I상의 통과 비율은, 최근 9년간의 조사에 의하면 고작

10% 이하라고 한다[78]. 동물실험에 들어간 막대한 비용과 전문인들의 노력이 얼마나 비효율적인지, 그리고 수많은 동물들이 얼마나 헛되게 희생되어왔는지를 보여주는 결과이다.

동물을 이용하는 약효시험도 마찬가지로 볼 수 있다. 인간의 질병과 유사한 각종 질환모델 마우스를 유전자조작이나 화학물질 등을 처치하여 만든 후 신약후보물질을 그러한 동물에 처치하여 약효시험을 하는데, 이러한 동물에게서 나타나는 반응은 다양한 유전적·물리적 환경에 노출되어있는 사람과는 너무나 큰 차이를 보인다. 이와 같이 마우스를 이용한 동물실험은 세포를 이용한 실험 결과가 진일보하는 과정이라고 볼 수 있지만, 사람에게 적용하기에는 너무 격차가 큰 것으로 볼 수 있는 것이다.

이러한 신약 개발과정에 있어서, 동물실험의 결과를 임상시험에 직접 도입하기 전에 질병에 이환된 반려동물에 대하여 수의임상시험을 시행하고 그 결과를 사람에게 적용하자는 주장도 있다. 즉, ❶ 효력시험과 안전성시험을 실험동물을 대상으로 평가한 후 ❷ 그 결과를 질병에 이환된 반려동물을 이용하여 안전성시험과 효력시험을 하여 ❸ 사람의 안전성 및 효력시험에 적용하자는 것이다[79].

동물병원에 내원한 반려동물들은 심각한 질병상태에 있으며, 이들의 생활환경이나 유전적 배경은 사람과 같이 매우 다양하다. 따라서 질병에 이환된 반려동물은 일정한 환경에서 사육되어왔던 실험동물보다도 신약후보물질에 대하여 사람과 같이 다양한 반응을 보일 것으로 예측된다. 만약 이러한 반려동물에게 시험·투여한 신약후보물질의 안전성과 약효가 없다면, 사람을 대상으로 하는 임상시험으로 그 물질을 도입하는 것은 재고해보아야 할 것이다.

한편으로는, 이러한 과정을 통하여 사람의 신약후보물질들이 반려동물의 불치병을 치료하기 위한 신약으로 개발될 수도 있다. 예를 들면, 동물실험을 통하여 사람의 강박증 치료제가 개발된다면 강박증 임상증상을 보이는 개에게

---

[78] M. Hay. Nat. Biotechnol. 32, 40–51
[79] Amir Kol. Sci Transl Med Volume 7(308):308ps21–308ps21 October 7, 2015

시험을 하고, 그것이 성공한다면 사람뿐만 아니라 개의 치료제로도 사용될 수 있을 것이다. 동물과 사람, 그리고 자연환경에 대한 질병 제어가 하나의 연결고리를 가질 때 사람과 환경이 모두 건강한 상태를 유지할 수 있다는 개념(One Health)을 이와 같은 과정을 통해서도 달성할 수 있는 것이다.

그러나 이러한 과정을 도입하는데에는 윤리적인 문제 역시 뒤따른다. 동물실험에 제공되는 실험동물의 희생으로 사람이 복지를 누린다는 현재의 고통분담 불균형에 반려동물을 또 다른 실험동물로 사용하는 결과를 초래할 수도 있을 것이다. 이 문제는 심각하게 고려되어야 하며 적절한 대안이 필요하다. 예를 들면, 사람에 대한 임상시험과정에 있어서의 윤리적인 문제 해결방법을 반려동물을 이용한 실험에 도입하는 것은 좋은 대안이 될 수 있다. 먼저 반려동물의 소유자가 실험의 위험성 등에 동의하고, 그 최종승인은 동물실험윤리위원회나 수의임상시험윤리위원회의 엄격한 심의를 거치는 과정이 요구된다. 미국의 UC Davis에서는 이미 수의임상시험센터를 운영하고 있다. 아마도 많은 수의과대학에서 이러한 시험을 수행해오고 있을 것으로 생각한다. 오히려 수의임상시험을 양성화하여, 사람에 대한 신약개발과정 중 질병에 이환된 동물을 대상으로 하는 수의임상시험을 포함시키도록 제도화하는 것이 질병에 이환된 반려동물에게 더 안전할 수 있을지도 모른다.

사람의 경우, 말기의 암투병 환자들이 새로운 신약에 대한 기대를 하며 임상시험에 도전하기도 한다. 한 가족으로 오랫동안 살아온 반려동물이 말기 암에 이환되었을 때, 새로운 신약에 기대를 해보도록 기회를 제공하는 것이 사랑하는 반려동물에게 마지막으로 해주는 선물이 될 수도 있을 것이다.

3

실험동물의 고통은 누가 구제해줄 것인가?

1) 생어 연구소의 동물실험시설 폐쇄

웰컴 트러스트 생어 연구소Wellcome Trust Sanger Institute는 유전체 서열을 생산하고 분석하는 세계적인 생명과학연구기관이다(이하 '생어 연구소'). 1992년, 영국 정부와 기부단체인 '웰컴 트러스트'는 인슐린의 아미노산 서열과 염기 서열을 결정한 과학자로서 1958년과 1980년에 각각 두 번이나 노벨 화학상을 수상한 프레더릭 생어Frederick Sanger, 1918-2013의 이름을 따 생어 연구소를 설립했고, 이 연구소는 현재 세계에서 가장 저명한 유전체학 연구기관으로 인정받고 있다.

생어 연구소는 전 세계의 연구자들에게 질환모델동물을 공급하는 한편 자체 연구소에 대한 실험동물 기술지원 등을 하는 대규모의 실험동물시설을 보유하고 있었다. 그런데 2019년 5월 16일에 동물시설을 폐쇄한다는 결정을 내렸다. 그 결정은 연구소의 과학적 전략에 의해 촉진되었으며, 폐쇄 이유가 연구소의 홈페이지에 다음과 같이 게시되었다.

Sanger Institute animal research facility to close
-News announcement 16 May 2019

Following a rigorous review and consultation with the Sanger Institute board and the Genome Research Limited board, which has representation from Wellcome, the Sanger Institute has made the difficult decision to close its animal facility. This decision has been driven by the Institute's scientific strategy.

The Sanger Institute is increasingly using alternative technologies to deliver its scientific strategy and this has led to fewer mice being needed. Because of this decrease in animal numbers, transferring the mouse work to another facility is the best way for the Institute to deliver all of its scientific goals.

The Sanger Institute is working with other institutions to find a

solution to accommodate its future mouse research requirements. The closure is expected to take place over the next few years. Discussions will continue over coming months to establish how to deliver this change in line with the Animals (Scientific Procedures) Act, to safeguard the welfare of the animals.
The staff that operate the animal facility will be fully supported throughout the process[80].

"생어 연구소는 과학 기술 분야에서 동물실험을 대체하는 기술을 점점 더 많이 사용하고 있으며 이로 인해 필요한 마우스의 사용수가 줄어들고 있다. 실험동물 수가 감소됨에 따라 마우스 실험에 관련된 작업을 다른 시설로 옮기는 것이 연구소가 모든 과학적 목표를 달성하는 가장 좋은 방법이다. 생어 연구소는 장래 마우스 연구에 필요한 요구사항을 수용할 수 있는 방안을 찾기 위해 다른 기관과 협력하고 있다. 동물실험의 폐쇄는 향후 몇 년 동안 진행될 것으로 예상되며, 동물의 복지를 보장하기 위해 「동물법」(및 과학적 절차)에 따라 이러한 변경에 관련된 사항을 수립하기 위한 논의가 앞으로 몇 개월 동안 계속 될 것이다. 동물시설을 운영하는 직원은 이 과정에서 전적으로 지원받을 것이다. 마우스를 포함한 과학 연구는 생어 연구소의 중요한 부분으로 남아있을 것이지만 앞으로 계속 줄어들 것이다. 동물을 사용하지 않는다는 것은 어려운 결정이었지만 우리는 그것이 과학정보를 계속 전달하고 인류 건강과 자연계에 영향을 미치는 발견을 계속하는 가장 좋은 방법이라고 생각한다."

이러한 폐쇄의 이유로는 ❶ 동물실험을 반대하는 여론과, ❷ 동물실험의 유지·관리비용 대비 미흡한 성과 도출이 추측된다.

동물실험은 배양세포로는 알 수 없는 많은 현상을 알려준다. 특히 유전자의

 80 (QR 참고)

돌연변이가 어떠한 형질로 나타나는지 연구하는 과학자들에게 마우스는 없어서는 안될 실험동물로 사용되어왔다. ▸ 유전적 질환이 있는 사람으로부터 돌연변이 유전자를 확인하고, ▸ 그에 상응하는 유전자를 마우스에서 조작하여 사람과 유사한 질환이 나타나는지 확인하고, ▸ 그러한 동물을 이용하여 각종 의약품을 시험 및 개발해오고 있다. 인간의 유전체를 분석하여 각 유전자의 기능을 해석할 때 마우스를 이용해왔던 과학자들은 생어 연구소의 실험동물시설 폐쇄 결정에 놀라고 있다.

그러나 이러한 결정에 대하여 모든 과학자가 반대하는 것은 아니다. 과학계의 일각에서는 마우스를 이용한 연구결과에 대해 회의적이다. 동물실험에 사용되는 근교계 마우스는 20대 이상 형매교배를 통하여 태어나 같은 근교계 계통의 마우스는 유전자가 서로 같고, 한 개체 내에서도 유전자가 모두 호모로 되는 동물로 알려져있다. 그러나 이렇게 생산된 근교계 마우스는 동복자임에도 태어날 때부터 체중과 모양이 다르며, 동물실험결과에 대한 반응도 다르다. 그 이유에 대해서는 아직 연구해야할 것이 많이 있지만, 선천적으로 물려받은 유전자가 생물의 모든 형질을 결정하지는 않는다는 사실을 암시하고 있다. 또한 인간의 질병과 관련된 돌연변이 유전자를 동물에게 재현시켰을 때 인간과 같은 반응이 나오지 않는 경우도 상당히 많이 관찰되고 있다. 이러한 연구 결과들을 보면, 동물실험을 통해 유전체 연구를 수행한다는 것이 얼마나 비효율적인지 회의를 느낄만도 하다. 최근에는 이러한 동물실험 대신 인간의 줄기세포를 이용한 각종 유사장기를 만들어 그것들을 한 배양액에서 길러 사람과 비슷한 개체를 만들어 시험에 사용하고자 하는 연구자가 늘고 있다.

생어 연구소와 같은 기관에서 결정한 동물실험 축소 입장을 과학계는 관심 있게 바라보고 있다. 유전체 연구뿐만 아니라 동물실험을 관행처럼 수행하던 의약학계에서도 동물실험을 인간의 유사장기체로 대체할 수 있는 기술 개발에 최근 많은 관심을 기울이고 있다. 동물실험을 대체하는데에는 막대한 개발비가 요구될 것이다. 그러나 동물의 생명을 헛되이 빼앗지 않으면서, 또한 더욱 정확하고 과학적인 연구결과를 얻기 위해서는 동물실험 대체모델의 개발에 박차를 가할 때라는 생각이 든다.

2) 불필요한 동물실험은 줄여야

건강한 동물을 번식시켜 최소한의 공간을 허용하고, 온갖 자극적인 고통으로 동물을 괴롭힌 후, 끝내는 안락사라는 이름으로 동물의 생명을 빼앗는 동물실험에서 과학자는 무엇을 얻는 것일까?

우리나라는 1970년대부터 대규모의 동물실험이 도입되어왔고, 동물실험을 통해 많은 관련 데이터가 축적되었다. 이와 같은 국내외의 축적된 데이터가 있음에도 불구하고 매년 사용되는 실험동물의 수가 증가하고 있는 추세다. 또한 실험동물시설도 현대식으로 개조되고 있으며 시설의 유지관리에 막대한 비용이 투입되고 있고, 실험동물 관련 국가 연구비도 기하급수적으로 증가하고 있는 실정이다.

과학자들은 세포수준에서 연구하던 실험을 동물을 통하여 입증하기를 원한다. 실험동물은 건강한 동물만 사용되는 것은 아니다. 각종 방법으로 동물의 병적상태를 유발시킨다. 콜라겐collagen을 마우스의 복강에 주입하면 사지관절에 면역반응이 일어나면서 심한 관절염이 생긴다. 유전자의 일부를 결손, 삽입하여 정상적인 동물에게서는 보이지 않는 질환이 유전적으로 유발되도록 조작한다. 사람의 줄기세포와 동물의 배반포를 섞어서 사람의 장기를 동물에게서 만들기도 한다. 이처럼 여러 방법으로 동물을 병들게 하고 그 동물을 인간과 비슷한 상태의 질환에 이환된 상태라 믿으며, 인간에게 효과가 있고 안전한 약물을 찾기 위하여 그러한 동물을 이용하고 있는 것이다.

동물이 인간과 유사하다는 가정 하에, 인간의 생물학적 특성을 동물을 이용하여 연구하는 단계에서부터 시작하여 신약의 효력과 안전성을 동물실험을 통해서 확인하고, 그 약을 시중에 판매하는 것이 과연 전체 동물실험 건수의 몇 %나 될까? 동물실험을 통해 유효성과 안전성이 입증된 약물이 사람에게도 유사한 결과를 보이는 경우는 극히 일부에 지나지 않는다. 그 주된 이유는, 마우스와 같은 동물과 인간은 유전적으로나 형질 면에서 큰 차이를 보이고 있기 때문이다. 현재 마우스나 제브라피쉬와 같은 동물의 유전적 특성과 형질의 발현에 대해서는 수많은 데이터가 존재하며, 사람의 특성과 관련짓는 데이터 역시 방대하다. 그러나 실질적으로 유용한 데이터가 그리 많지 않은 것이 문제이다.

- 전립선암환자에서는 NKX3.1 유전자의 변이가 발견된다.
- 그러나 마우스와 랫드에서는 NKX3.1 유전자의 돌연변이를 유발해도 전립선암이 유발되지 않는다.
- 설치류는 위의 전반부는 사람과 달리 각화상피세포로 덮여있는데, 위에 직접 약물을 투여하는 존데sonde를 이용하여 농도가 높은 물질을 지속적으로 투여하면 각화상피세포의 수가 증가하게 된다.

동물실험 과정 중에 보이는 이러한 병변은 사람에서는 볼 수 없다.

사람과 동물의 생물학적 차이 이외에도 동물실험의 결과를 왜곡하는 요인은 여러가지가 있다. ❶ 첫째는 연구자가 실험 결과를 자의적으로 해석 및 판단하기 때문이다. 일례로, 반복실험을 여러차례 한 후 좋은 결과만을 선택하는 경우가 있다. 또는 실질적인 효능을 보이기 때문에 효과가 있다고 해석해야 함에도 불구하고, 대조군과 미세한 차이를 보이지만 통계적인 유의성을 보이기 때문에 효과가 있다고 해석하는 경우가 있다. ❷ 둘째, 부적절한 동물실험 환경도 한몫 한다. 질병에 이환되거나 비위생적인 환경에서 사육되는 동물을 대상으로 연구하면 그룹 당 결과의 편차가 너무 크게 된다. 부적절한 사료나 깔짚 사용, 심지어는 지속적인 스트레스에 의한 면역체계의 이상 등도 실험 결과에 영향을 준다.

임상시험은 건강한 사람을 대상으로 약물의 부작용을 시험하거나 질환에 이환된 사람에 대하여 치료효과를 보는 시험이다. 동물병원에 입원한 개나 고양이를 대상으로 사람의 임상시험에 준하는 시험을 전개하는 것은 동물실험을 대체할 수 있는 방안 중의 하나이다. 이것은 건강한 동물에게 일부러 병을 일으키지 않고서, 또한 고통을 구제하면서 실험할 수 있는 방안이다.

고비용의 수의료로 인해 질환의 말기에 이른 반려동물이 제대로 치료받을 수 없는 상황에 이르기도 한다. 주인의 동의 하에 이러한 동물에 대한 임상시험을 거쳐 새로운 약제가 개발된다면, 동물의 보건복지뿐만 아니라 사람에게 적용할 수 있는 약제의 개발에도 큰 도움을 줄 수 있을 것이다. 더 이상의 불필요한 동물실험은 줄이고 적극적으로 다각도의 대안을 찾을 때이다.

3) 윤리적인 동물실험을 위해서는?

동물실험과정에서 실험동물은 고통을 받는다. 동물실험윤리위원회Institutional Animal Care Use Committee; IACUC를 비롯하여 시설의 상근 수의사 및 기관에서는 동물의 고통을 줄이는 방안을 모색하고 있다. 그러나 인간과 동물이 먹는 약과 의료용 기기도 동물실험을 거쳐 만들기 때문에 「동물보호법」에서도 동물실험을 원천적으로 부정하지는 못한다.

실험동물의 고통 경감과 윤리적인 취급을 위하여 실험동물시설의 장은 법에 따라 동물실험윤리위원회를 설치한다. 위원은 수의사, 민간단체가 추천하는 동물보호에 관한 학식과 경험이 풍부한 사람, 윤리학자, 법률가, 과학자가 참여하고 있고, 위원의 3분의 1 이상은 해당 동물실험시행기관과 이해관계가 없는 객관적인 시각을 견지하는 사람들이다.

동물실험윤리위원회는 ▶ 동물실험의 윤리적·과학적 타당성에 대해 심의하고, ▶ 동물실험에 사용하는 실험동물의 생산·도입·관리·실험, ▶ 이용과 실험이 끝난 뒤의 실험동물 처리에 관한 확인 및 평가를 한다. 동물실험 연구자는 동물실험윤리위원회에서 승인한 계획서에 의거하여 동물실험을 수행한다. 일반적으로 동물실험계획서의 승인 여부를 심사할 때는 법에 위반되는 사항, 사용 동물수의 적절성, 동물의 고통 완화, 동물의 적절한 취득, 동물의 수술 절차, 수술 후의 동물 관리, 향정신성 약품의 사용과 자격, 실험실에 대한 승인 여부, (감염실험의 경우에 필요한) 적절한 생물학적 안전장치, 연구자에 대한 안전관리, 보정 방법, 안락사 방법의 적절성, 사후 사체처리방법의 적절성 등을 검토 하게 된다.

이와 같이 동물실험계획서를 동물실험윤리위원회에서 승인받은 후 동물실험을 시작할 때, 윤리적이고 과학적인 동물실험을 위한 가장 중요한 요소는 무엇일까. 무엇보다도, 연구자들이 파악하기 힘든 동물의 고통과 억압을 발견하고 처치할 수 있는 실험동물 전문 수의사의 역할이 중요하다. 실험에 참여하는 동물 중 고통이 심한 동물의 경우 수의사는 연구자에게 연락하여 적절한 조치를 취하도록 하고, 연구자가 이를 받아들이지 않으면 IACUC와 상의하여 동물의 고통을 구제해준다.

「수의사법」에서는, 실험동물시설에서 동물용 의약품을 처방하기 위해서는 상시고용 수의사가 있어야 한다고 규정하고 있다. 그러나 현실적으로는 상시고용 수의사가 처방뿐만 아니라 실험동물의 건강관리도 담당하는 것을 의무로 하는 법 개정이 요구된다. 수의사의 상시관리 여부 외에도 동물실험윤리위원회는 1년에 1-2회 실험동물시설의 시설 및 프로그램을 점검하는 한편 승인된 동물실험계획서에 의해 동물실험이 이루어지는지의 여부를 시설에서 직접 확인하는데(Post Approval Monitoring; PAM), PAM의 경우 전수조사가 어려워 일부의 계획서에 한정하여 조사가 이루어지기도 한다.

동물실험윤리위원회 설치에 대한 법적 해석 또한 문제이다. 「동물보호법」에서는 한 기관에 하나의 동물실험윤리위원회를 설치하도록 되어있는데, 이것을 하나의 위원회만 설치하도록 잘못 해석하여 원거리에 여러 단위의 동물시설을 운영하고 있는 기관에서도 단일 위원회만 운영하는 경우가 있다. 그러나 이는 해석의 오류로 해당 기관에서 원하면 복수의 별도 위원회 설치도 가능한 것으로 농림부는 해석하고 있다. 또한 동물실험윤리위원회를 설치한 기관은 위원회에 대한 충분한 행정적 지원이 이루어지도록 하여야 한다. 최근 개정된 동물보호법은 일정 규모 이상의 동물실험계획서가 심의되는 경우 전담수의사 및 전문 인력을 추가하도록 하고 있으며 위원의 수 또한 과거와 달리 상한선을 없애 각 기관이 이를 적극 수용한다면 보다 원활한 계획서 심의가 가능하게 될 전망이다.

이와 같이 동물실험윤리위원회의 운영에 있어서 효율성을 모색하는 것도 중요하지만, 가장 중요한 것은 위원회가 기관으로부터 운영의 독립성을 보장받아야 한다는 것이다. 동물실험실이 설치되어 있는 기관에 따라 동물실험윤리위원회의 윤리적 실험과 관련된 결정 기준이 다르기 때문이다. 동물실험에 대한 모든 윤리적 기준을 법으로 만들 수 없기 때문에 동물실험윤리위원회에 많은 권한을 위임하는 것인데, 그 결정에 대하여 동물보호단체나 과학자, 기관장

등이 개입하여 동물실험윤리위원회의 독립성을 해친다면 현재의 동물실험윤리위원회의 기능은 마비될 것이다. 동물실험윤리위원회의 특수한 결정이 있다면 추후에 그러한 사례들에 대한 개별적 분석을 통하여 새로운 방향을 제시하고, 필요하다면 법 개정을 통해 상황 개선이 이루어져야 할 것이다.

동물실험과 관련된 정부과제 검토과정 중, 평가 전문가들은 연구의 과학적인 측면, 생산성, 기대효과 등을 검토하며 과제의 진행 여부를 결정하고 있다. 이에 대해 기관의 동물실험윤리위원회에서 다시 윤리성과 과학성을 검토하여 그것이 비윤리적이라고 판단하더라도, 해당 과제를 거부하기는 현실적으로 힘들다. 정부 연구과제 등은 채택되기 전에 공인된 동물실험윤리위원회에서 심의하고 진행 여부를 결정하는 것이 바람직할 것으로 생각된다.

4) 동물실험윤리위원회의 역할

전술했듯이, 기관의 동물실험윤리위원회는 동물실험이 윤리적으로 이루어지는지, 또는 연구자에게 안전한 과정인지 등에 대해 계획서 내용을 검토하며, 연구자는 이의 승인이 이뤄진 후에 동물실험을 수행하게 된다. 2008년 개정된 「동물보호법」에 따라, 실험동물의 보호와 윤리적인 취급을 도모하기 위하여 대통령령으로 지정하는 동물실험시설에서는 동물실험시행기관의 장이 동물실험윤리위원회를 설치하도록 하였고, 2009년에는 「실험동물에 관한 법률」이 공표되면서 동물실험의 윤리성, 안전성 및 신뢰성 등을 확보하기 위하여 실험동물시설에 실험동물운영위원회를 설치·운영하도록 하였다.

우리나라의 동물실험윤리위원회는 385개소로, 2018년까지 총 33,825건의 계획서를 심의하였다[81]. 동물실험윤리위원회의 위원으로서 활동하기 위해서는 다음의 자격에 부합되어야 한다.

- 수의사로서 농림축산식품부령으로 정하는 자격기준에 맞는 자
- 민간단체가 추천하는 동물보호에 관한 학식과 경험이 풍부한 자로서 농림축산식품부령으로 정하는 자격기준에 맞는 자
- 그 밖에 실험동물의 보호와 윤리적인 취급을 도모하기 위하여 필요한 사람으로서 농림축산식품부령으로 정하는 자
- 법인·단체 또는 「고등교육법」 제2조에 따른 학교에서 실시하는 동물보호·동물복지 또는 동물실험에 관련된 교육을 이수한 자
- 검역본부장이 실시하는 동물보호·동물복지 또는 동물실험에 관련된 교육을 이수한 자

한편, 「실험동물에 관한 법률」에서는 동물실험시설, 혹은 실험동물생산시설

---

[81] 2018년 농림부 통계

의 운영자가 실험동물운영위원회의 위원을 위촉한다. 그에 해당하는 위원 자격은 다음과 같다.

- 「수의사법」에 따른 수의사, 동물실험 분야에서 박사학위를 취득한 자로서 동물실험을 관리하거나 동물실험 업무를 한 경력이 있는 자
- 「민법」에 따른 법인 또는 시민단체에서 추천하는 동물보호에 관한 학식과 경험이 풍부한 자로서 「고등교육법」 제2조에 따른 학교를 졸업하거나 이와 같은 수준 이상의 학력이 있다고 인정되는 자
- 식품의약품안전처장이 정하여 고시하는 교육을 이수한 자

이상과 같이 위원회의 위원 중 수의사는 반드시 포함되어야 하며, 특히 실험동물전문수의사의 역할이 실험동물의 윤리적인 관리에 매우 중요하다는 것을 알 수 있다.

그런데 위와 같은 동물실험윤리위원회 및 실험동물운영위원회 구성원의 자격기준을 보면 몇 가지 문제점이 있다는 것을 알 수 있다. 첫째, 위원들은 동물실험에 대하여 정부에서 실시하는 최소한의 교육만을 받고 위원이 된다는 것이다. 따라서 동물실험에 대한 과학적인 지식보다 동물복지에 관심이 많은 위원들은, 전문적인 동물실험을 수행하고자 하는 연구자들의 계획서를 이해하기 어려운 경우가 많을 뿐더러, 동물실험의 과학적인 면과 윤리적인 면을 균형 있게 심의하는데에 어려움을 느끼고 있다. 둘째, 실험동물운영위원은 그 기관의 장이 아닌 동물시설을 운영하는 운영자가 위촉한다. 이러한 상황에서는 동물시설의 운영자를 포함하여 관련 연구자들이 수행하는 동물실험에 대하여 위원들이 윤리적인 면을 심의할 때 독립성을 보장받지 못할 것이다. 셋째, 동물실험윤리위원회와 실험동물운영위원회의 주요 역할이 연구자들이 제안한 동물실험계획서의 검토라는 중복적인 업무이기에, 연구자들은 두 위원회에 이중 규제를 받고 있는 것이다.

한국동물실험윤리위원회 협동조합KAIACUC은 이러한 문제를 해결하고자

발족되어 그 역할을 수행하고 있다. 앞서 서술한 문제점들을 당국에 건의하여 법을 개정하도록 요구하는 한편, 위원회의 활동이 원활하게 운영되도록 교육프로그램을 개설하고 있다. 현재 동물보호법 52조에 동물실험시행기관 또는 연구자가 공동으로 이용할 수 있는 공용동물실험윤리위원회를 지정하도록 개정되어 그 동안 사각지대에 있던 초중고의 생 생명과학실습 및 여러 기관이 공동으로 실시하는 동물실험의 심의 등에 관한 문제를 해결할 수 있게 되었다. 향후 KAIACUC가 공용기관생명윤리위원회를 운영하는 국가생명윤리정책원과 마찬가지로 교육과 연구를 통해, 「동물보호법」과 「실험동물에 관한 법률」에 의한 동물실험의 윤리성 및 과학성을 확보하고, 윤리적이고 과학적인 동물실험연구 환경 등의 여건을 조성하는데 기여할 것을 기대해 본다.

5) 실험동물시설의 시설전임수의사

실험동물시설에서는 실험동물의 수의학적 관리가 매우 중요하다. 실험동물 관련 기관에서는 이에 대한 전문성을 갖춘 수의사를 채용하려는 곳이 늘고 있다.

동물실험은 사람에게서 일어나는 생리학적·병리학적 현상을 규명하는데에 결정적인 역할을 해오고 있다. 동물실험이 의약학 분야의 발전에 지대한 공헌을 해왔다는 것은 누구도 부정하지 못할 것이다. 이러한 이유 때문에 의약학과 자연과학분야에서는 지속적으로 대규모의 동물실험을 수행해오고 있다.

동물실험은 방법의 설정이 잘못되거나 실험환경이 적절하지 못하면 그 결과를 신뢰할 수 없다. 집단으로 사육되는 실험동물의 특성상 전염성 질환이 쉽게 전파될 위험이 있으며, 물리화학적으로 문제가 있는 환경 조성, 부적합한 사료와 음수 제공 등으로 인해 많은 동물에게서 임상적인 소견과 병리조직학적 병변이 보이게될 수 있다. 이러한 문제가 발생하는 것을 사전에 예방할 수 있도록, 실험동물전문수의사는 연구자에게 동물실험과정에서 과학적이면서도 윤리적인 기준을 제시해야 한다.

또한, 병적 상태의 동물을 이용하여 실험처치를 하면 그 결과를 해석할 때 어려움이 뒤따르게 된다. 미국 NRC National Research Council에서 발간한 「실험동물의 사용과 관리에 관한 가이드」에서는 실험동물시설에서 수의사가 우선적으로 고려해야 할 것들을 '연구나 실험, 교육, 생산에 이용되는 실험동물을 임상적으로 치료하여 실험동물의 복지를 향상시키는 일'로 설명하고 있다. 동물실험을 수행할 때는 물론 실험동물의 수명이 다할 때까지 동물의 복지를 감독하고 향상시키는 것이 시설전임수의사[82] attending veterinarian; AV의 책임이다. 동물의 복지는 신체적·생리적 행동지표와 정신상태 등에 의해서 판단되는데, 이는 동물 종에 따라 다양하게 나타난다. 실험동물시설에서 사육관리 중인 동물의

---

[82] 시설전임수의사란 실험동물학과 실험동물의학 분야에서 그 자격을 인정받았거나, 관련된 지식에 대한 훈련 및 경험을 보유하여 그 시설에서 사용되는 동물 종을 관리할 수 있는 자격 취득 후 실험동물시설에서 근무하는 실험동물전문수의사를 말한다.

수, 종, 이용 방법에 따라 수의학적 관리방법이 복잡해진다. 하지만 이러한 변수와는 관계없이 높은 수준의 수의학적 관리수단을 통해 시설을 관리하는 것이 필수적이다.

실험동물시설에서의 수의학적 관리프로그램에는 실험동물의 구입과 수송, 예방의학(검역, 동물차단방역 및 질병 조사), 임상적으로 관찰되는 질병이나 장애의 처치, 동물실험과 관련된 질병 · 장애 · 후유증의 관리, 수술 및 수술 전후 관리, 통증과 고뇌의 제거, 마취와 진통, 안락사 등이 포함된다. 이러한 수의학적 관리계획을 수립하는 것이 시설전임수의사의 주된 업무이다. 수의학적 관리 프로그램의 일부분은 수의사 이외의 사육관리자가 담당할 수도 있다. 그러나 동물의 건강, 행동, 복지에 관한 문제가 적시에 정확하게 시설전임수의사에게 전달되도록 해야 하며, 치료 및 안락사 처치가 적절하게 수행되도록 시설전임수의사와 직접적이면서도 지속적으로 연락을 취할 수 있는 체계를 구축해야 한다.

시설전임수의사는 동물실험 연구자를 비롯한 동물의 관리와 사용에 관련된 모든 관계자들에게 적절한 사양관리, 동물의 취급, 의료 조치, 보정 · 진정 · 진통 · 마취 및 안락사 등의 처치를 원활하게 수행할 수 있도록 지침을 제시해야 한다. 또한 동물과 관련된 수술과 수술 전후의 전반적인 관리에 대한 지침 역시 제공하고 감독할 의무가 있다. 시설전임수의사의 각 업무를 분야별로 구분하면 다음과 같다.

- 첫째는, 동물실험 시설의 효율적인 관리이다.

    ⇒ 실험동물에게 전파되는 감염성 질병의 예방을 위해 적절한 영양상태와 사육환경이 유지되도록 노력해야 한다.

- 두 번째는, 시설 내 동물실험의 효율성을 재고하여 연구자에게 제언하는 것이다.

    ⇒ 귀중한 생명을 희생하고 막대한 연구비를 사용하는 동물실험 결과를 효율적으로 수행하기 위한 방안은, 확실한 목표 설정 하에 동물실험을 수행하고, 적절한 동물모델을 사용하여 동물실험을 정확하게 수행하며, 실험결과를 제대로 분석

하고, 그 결과를 명확히 보고하는 것이라 생각된다.

⇒ 동물실험의 목표는, 인체의 질병치료제를 개발하는것 보다는 동물의 체내에서 시험물질의 작동 기전을 연구하는 것에 두는 것이 더 효율적이다. 동물실험의 성공 여부는, 연구하고자 하는 생물학적 현상에 유사한 동물모델을 얼마나 정확히 선정하는가에 달려있다해도 과언이 아닐 것이다.

⇒ 연구자들이 동물실험과 관련된 어려운 문제에 봉착하였을 때, 실험동물전문수의사는 그들에게 전문적인 도움을 주고 함께 고민해야 한다.

- 세 번째는, 과학적이면서도 실험자에게 안전하고 동물에게는 고통 없는 실험공간을 확보하도록 노력해야 하는 것이다.
- 네 번째는, 동물실험윤리위원회 위원으로서 실험동물의 윤리적인 관리에 대해 조언해주어야 한다는 것이다.

국내에서 최초로 인증된 수의 전문가는 수의병리전문의로서, 한국수의병리학회가 2007년부터 관련 제도를 시행하여 현재 62명이 전문의로 등록되어있다. 2009년에는 한국실험동물수의사회가 실험동물전문수의사 제도를 시행하여, 현재 49명의 실험동물전문수의사가 실험동물시설 등에서 활동하고 있다.

전문수의사가 되기 위해서는 까다로운 자격기준과 필기시험을 통과해야 한다. 다음은 실험동물전문수의사가 되기 위한 자격이다.

- 「수의사법」에 의한 수의사 중 대한수의사회의 회원인 자
- 지원 당시 2년 이상 협회에 등록한 회원인 자
- 지원 당시 실험동물 또는 동물실험 관련 논문을 한 편 이상 발행한 자
- 지원 당시 실험동물시설 전임경력 5년, 또는 실험동물전문수의사 지도하의 전임경력 3년, 또는 실험동물전문수의사 지도하의 전임경력 1년인 실험동물의학석사, 또는 실험동물의학박사 중의 하나를 구비한 자
- 지원 당시 협회인정의 연수교육 프로그램을 이수한 자

이상의 자격지준을 갖춘 수의사는 필기시험에 응시하는데, 필기시험은 100점 만점으로 계산하며 가산점을 20점 만점으로 계산하여 총 120점 만점이며, 필기시험 성적이 70점 이상인 자를 대상으로 상대평가제에 의해 사정한다.

필기시험 통과에 대한 요건은 다음과 같다.

- 시험은 필수 과목인 '실험동물의학 총론'과 선택 과목인 '실험동물의학 각론'으로 나뉘며, 배점은 총론 80점과 각론 20점을 더하여 총 100점 만점으로 한다.
- 실험동물의학 총론은 종 고유의 생물학적 특성을 포함하는 실험동물에 대한 공통사항과 함께 마우스와 랫드의 질병 관련 내용이 출제된다.
- 실험동물의학 각론은 동물 종에 따라 응시자가 그 중 한 과목을 선택한다.

    A : 햄스터·기니픽·저빌·토끼목

    B : 개·고양이

    C : 돼지·염소·양

    D : 비인간영장류

    E : 양서류·파충류·어류

- 가산점은 심사제도가 있는 잡지에 게재된 실험동물 또는 동물실험 관련 논문, 시설 전임 경험, 학위의 취득, 협회 연수교육, 우수 수료 등을 고려하여 산정한다.

6) 실험동물의 입양

포도나 건포도가 개에게 독성이 있는지에 대해 많은 애완견 소유자들이 질문한다. 포도가 개에게 독성이 있다고 알려지기 전까지 사람들은 개에게 건포도를 간식으로 주거나 훈련 중 칭찬의 의미로 주었으며, 그들의 개에게 문제가 없는 것으로 생각해왔다.

전문가들은 개에게 나타나는 포도에 의한 독성의 원인을 포도보다는 다른 여러 중독물질이나 개의 특정 병력 때문인 것으로 생각하고 있다. 아직 포도에 의한 개의 독성기전은 확실하게 밝혀진 바가 없기 때문에, 다른 중독성 물질을 섭취한 개가 우연히 포도를 먹고 급성 신장질환이 발생하였다면 치료나 예후를 관찰할 때 포도가 원인이라고 오해할 수 있을 것이다.

이러한 이유로 현재까지는 독성이 보고된 가장 높은 양의 건포도를 섭취시켜 그 임상증상과 혈액화학 수치를 관찰하고, 이상이 있을 시 추가적인 조직병리학적 검사를 수행하여 포도 독성에 대한 실마리를 얻고자 하였다. 그러나 과량의 건포도를 먹은 비글들은 임상증상과 혈액검사에서 모두 정상소견을 보여 해당 동물에 대한 추가검사는 수행되지 않았다. 하지만 예비시험결과가 포도나 건포도가 개에게 독성을 유발하지 않는다는 사실을 뜻하는 것은 아니며, 이에 대한 추가적인 연구가 필요할 것으로 생각된다. 당시의 실험에 사용된 비글들은 유해한 물질을 섭취하지 않았으며 건강성 이상 역시 없었기 때문에, 안락사를 시키지 않고 원하는 사람에게 입양시켜 주었다[83].

「동물보호법」에서는 동물실험이 종료된 후 동물이 회복될 수 없거나 지속적으로 고통을 받으며 살아야 할 것으로 인정되는 경우에는, 가능하면 빨리 고통을 주지 아니하는 방법으로 처리하여야 한다고 권고하고 있다. 그러나 실험 후에 정상적인 상태를 보이는 동물에 대해서도 특별한 처리규정이 없어 대부분의 연구자들은 건강한 동물임에도 안락사시키고 있다. 2018년에 국회의 기동민

---

[83] 대한수의사회지 50, pp245

의원 등은 '실험동물지킴이법안' 2종을 발의하여 입법하였다. 그 중 하나는 「동물보호법」의 개정안으로, 실험종료 후 정상상태를 보이는 동물의 사후처리를 규정함으로써 실험동물의 불필요한 안락사를 막도록 하고 있다[84].

실험 후 정상적인 비글을 원하는 사람에게 양도하면서도 걱정되는 것은 입양 후의 추적관리이다. 입양 후 비글이 비인도적인 처우를 받거나 번식견으로 활용될 가능성이 있기 때문이다. 그러나 법적 구속력이 없는 상태에서 입양동물에 대한 계속적인 추적관리를 하는 것은 한계가 있다. 입양 받은 실험동물을 번식시켜 실험동물로 판매해도 그것을 막을 방도가 없었는데, 다행히 기 위원이 발의한 법안이 통과되어 현재 「동물보호법」에서 발효중이다.

---

[84] 다른 하나는 「실험동물에 관한 법률」을 일부 개정한 것으로, 동물실험시설이 무등록 공급자로부터 동물을 공급받는 것을 금지하는 내용을 담고 있다.

4
동물실험의 대안

그리스 시대의 아리스토텔레스가 동물을 해부하여 동물별로 내부 장기가 다르다는 것을 밝힌 이후, 에라시스트라투스Erasistratus, B.C. 304-B.C. 250는 최초로 살아있는 동물을 이용한 동물실험을 시행했다. 이 실험에서 그는 돼지를 해부하여, 기관이 호흡기도이며, 폐가 호흡기계 장기라는 것을 밝혔다. 갈레노스Aelius Galenus, A.D. 129-A.D. 210는 돼지와 원숭이를 해부하였으며, "실험은 진리를 밝히기 위한 길고 힘든 작업이다."라고 정의하였다. 그리고 실험에 의존하지 않은 불확실한 단언은 과학적인 진전을 유도할 수 없다고 믿었다[85].

근대에 이르러 의·과학의 발전과 함께 실험동물의 사용이 증가함에 따라 실험동물이 과학의 발전에 공헌한 결과는 이루 말할 수 없다. 그러나 한편으로는 동물실험의 잔인함에 대해 반대하는 움직임도 일어나게되어, 생·의학 분야에서 동물을 사용하는것에 대한 반대 운동이 영국에서부터 시작되었다. SPCASociety for the Prevention of Cruelty to Animals라는 단체가 영국에서 설립되었으며, 1860년대에는 미국에도 도입되었다. 다윈의 진화론에 의해 사람들이 인간과 동물의 차이가 크지 않다는 인식을 하게 되면서, 동물을 잔혹하게 죽이면 안 된다는 것이 동물실험 반대운동의 이유가 되었다.

---

85   Loew and Cohen, 2002

1) 동물실험의 대안과 3R

주지하다시피, 동물실험은 경비가 발생하고 시간이 소요되는 작업이다. 따라서 근대의 많은 과학자들은 동물실험 대신 신속하고 경제적이며 정확한 결과를 얻을 수 있는 'in vitro 대안법'을 추구하게 되었다.

현대에 이르러서는 동물의 고통을 경감시키고자하는 목적이 동물실험에 대한 대안으로써의 목표가 되고 있다. 동물실험의 대안은 현존하는 동물실험을 부분적으로, 또는 전체적으로 대체하는 것을 가리킨다. 그 방법으로는 실험동물의 대체Replacement, 사용되는 실험동물수의 감소Reducing, 동물실험과정 중 실험동물이 느끼는 고통에 대한 경감 방법의 개발Refinement이 있다. 이것은 William Russell[1925-2006] 과 Rex Burch[1926-1996]가 1959년에 동물실험에 대한 대안으로써 발표한 내용으로, 지금도 변함없이 원안으로 지지받고 있다[86].

실험동물의 대체나 감수減數를 위한 방법은 컴퓨터 시뮬레이션, 모형 생물체 등의 시각매체를 이용하거나, 세포 혹은 장기의 배양을 이용한 시험계를 확립하는 것이다. 고통 경감의 방법으로는 하등생물을 실험동물로 이용하거나 마취, 진정에 관한 교육 등을 생각해볼 수 있다. 이를 위해서는, 알려진 데이터가 많은 동물 종을 실험동물로 사용하는 것이 좋을 것이다. 수의과대학이나 의과대학의 경우, 학생들의 실습 및 교육을 목적으로 많은 실험동물들이 사용되고 있다. 특히 수의과대학에서는, 동물의 질병을 이해하고 치료하기 위한 교육과정에서 같은 종의 동물을 대상으로 고통을 가하는 실험을 수행해야 하는 역설적인 상황으로 인해 동물실험에 대한 대안이 고려된다. 이에 따라 비디오 등의 시각매체나 마네킹과 같은 무생물적 모델을 이용하며, 컴퓨터 시뮬레이션을 통해 관련 교육을 실시하기도 한다. 동물을 반드시 사용해야 하는 실습에서는 도축장 등에서 획득한 사체를 이용하거나, 환축을 이용한 임상시험, 야외에서의 동물 관찰 등을 통하여 건강한 실험동물의 사용을 줄이는 방법을 생각하고 있다[87].

---

86 Russell WMS, and Burch RL 1959
87 Jukes and Chiuia, 2003

2) 동물실험 대체의 대표적인 예

미국의 암연구소에서는 25년간의 스크리닝 프로그램Screening program으로 40,000여 종의 식물에 대한 항암효과를 동물을 대상으로 실험하였다. 그 중 일부 식물종의 해당 동물에 대한 항암 효과와 안전성이 확보되었다. 그러나, 그 어느 것도 사람에 대해서는 항암 효과를 보이지 않았다. 그 후 미국의 암연구소는 항암제의 세포독성 스크리닝을 하는데에 사람의 종양세포를 사용하게 되었다[88].

임신진단법으로는 1920년대 중반부터 1960년대 초반까지 임산부의 오줌을 토끼에 주입하여 토끼의 난소에 황체가 생기는 것을 관찰하고 임신을 진단하였다. 이 과정에서 토끼를 부검하여 난소를 확인해야했던 만큼 토끼의 희생이 불가피하였다. 지금은 HCG에 대한 면역반응을 이용하여 쉽고 빠르게 임신진단을 하고 있다.

의약품 시험에서는 세균으로부터 유래한 엔도톡신이 함유되었는지를 검사하는 발열성시험법을 수행하기 위해서 과거에는 토끼에 시험물질을 주입하여 발열반응을 관찰하였다. 그러나 현재는 1977년에 미국의 FDA에서 승인된 Limulus amebocyte lysate assay 법을 이용하여 발열성시험법을 대체하고 있어서 예전과 같은 다수의 토끼가 희생되지 않게 되었다.

그러나 모든 동물실험을 이와 같은 화학적 시험계나 하등동물로 대체할 수 있는 것은 아니다. 선택된 방법이 비과학적이거나, 비경제적이거나, 또는 비인도적이어서 일반적인 규정에 합치하지 않는다면 동물실험의 대안으로써 적당하지 않다.

---

88   Farnsworth and Pezzuto, 1984

3) 동물실험 대체법의 종류

동물실험 대체법의 종류로는, 크게 ▶무생물과 미생물, ▶세포나 조직배양을 이용하는 시험계, 그리고 ▶어류, 무척추동물 등의 하등동물을 이용하는 것으로 대별할 수 있다.

❶ **무생물, 또는 사체의 일부를 이용한 시험계**

- 첫째, 컴퓨터에 각종 화학구조가 보이는 독성학적 자료를 저장하고, 동일 구조의 화학물질이 들어간 물질의 독성을 예측하여 스크리닝을 하여 동물실험을 감소시키는 것이다.
- 둘째, 생체에서 동물이 반응하는 단백질을 찾아 이를 추출하여 하나의 시험계를 만든다.

  ⇒ 화장품의 개발은 전임상시험에서 급성독성시험을 비롯하여 점막자극시험, 피부자극시험 등을 거쳐야 한다.

  ⇒ 점막자극시험은 토끼의 눈에 시험물질을 투여한 후 그 독성을 관찰하는 방법을 이용하고 있다. 이 때 관찰하는 항목은 결막의 변화, 각막의 변화, 홍채의 변화 등이다. 대체법에서는 소와 같은 축산동물의 각막으로부터 특정 단백질을 추출하여 시험계를 만든 다음, 시험물질을 반응시켜 단백질이 변성하는지의 여부를 관찰하게 된다.

  ⇒ 도축장에서 취득한 소나 돼지의 각막에 시험물질을 반응시켜 독성발현 여부를 검사하기도 한다.

  ⇒ 생체에서는 각막과 홍채, 결막 등을 동시에 관찰할 수 있지만 이러한 대체시험법에서는 그 중 일부만을 관찰할 수 있는 한계를 보이게 된다. 따라서 결막의 이상을 감지하기 위해서는, 생물학적 시험계로써 시험물질 투여 후 닭의 수정란 내 혈관 이상을 관찰하는 방법을 이용하거나, 배양세포에 대한 독성을 보는 방법을 동시에 수행하여 안구에 대한 독성시험을 대체하기도 한다.

- 셋째, 전기화학적인 방법을 이용하여 생물학적 반응을 검출하는 바이오센서의 이용으로 세포나 조직의 독성반응을 알아보는 방법이 이용되고 있다.

  ⇒ 나노기술의 발달로 세포 하나의 변화까지도 측정할 수 있게 되었다.

- 넷째, 영상매체나 생체모델을 만들어 동물의 사용을 감소시키는 방법이다.

  ⇒ 동물실험을 수행하기 위해서는 동물의 보정, 마취, 수술, 해부학적 관찰, 투여 등의 훈련이 필요하다. 수술이나 투여 등에 있어서 생체를 대상으로 훈련받지 않는다면 실패할 위험이 높다.

  ⇒ 그러나 동물을 대상으로 한 실습 이전에 모형이나 영상매체를 통한 훈련을 충분히 받는다면 많은 동물의 희생을 막을 수 있을 것이다.

❷ 미생물 및 세포 조직배양을 이용한 시험계

시험관법으로 실험동물을 대체하는 수단으로는 세균을 이용하는 방법과 배양된 세포나 조직을 이용하는 방법이 있다. 이는 실험동물 숫자의 감소나 대체시 그 대안법으로 유용하다. 그렇지 않다면, 현재 개발된 시험법에 또다른 시험법이 추가되는 복잡한 결과를 낳게 된다.

시험관을 이용하는 방법을 동물실험과 비교하였을 때 장단점을 비교하여 보면, ▶단점으로는 정맥투여, 경구투여, 피내투여 등의 각종 투여 경로에 대한 반응을 예측할 수 없다는 것, 특정 독성시험에 적용할 수 없다는 점, 그리고 생체에서 장기상호간에 일어나는 작용을 볼 수 없다는 점이다. ▶장점으로는, 경제적이고, 신속하며, 대량의 검체를 검사할 수 있다는 점을 들 수 있다.

시험관을 사용하는 시험법의 예를 몇 개 들어보면 다음과 같다.

- 첫째, 의약품이나 화학물질이 동물에게서 돌연변이나 종양을 일으킬 수 있는지의 여부를 검사하는 방법으로 살모넬라 균을 이용하는 Ame's test를 들 수 있다.

  ⇒ 이 방법은 시험관법의 방법이 동물실험과 상응하는 것으로 검증되어 실용화된 대표적인 예이다.

- 둘째, 배양된 세포에 시험물질을 반응시키고 세포에서 분비되는 효소나 대사산물 등을 측정하는 방법, 또는 방사선동위원소를 부착한 물질의 방출이나 세포 속으로 유입된 양 등을 측정하여 반응을 측정하는 방법도 이용되고 있다.

⇒ 최근에는 갓난아기의 포피를 이용하여 3차원적 피부모델을 배양하여 동물실험 대체수단으로써 이용하기도 한다.

⇒ 그러나 세균, 혹은 단일 세포로 이루어진 시험계는 단일 장기에 적용하기에는 제약이 뒤따르므로, 동물의 장기를 배양하여 실험에 사용하기도 한다. 이 방법은 동물을 소량 이용하여 다량의 시험계를 만들 수 있다는 이점이 있다.

⇒ 실리카는 마우스나 사람에게서 폐섬유화를 일으키는 물질로 잘 알려져있다. 질병모델을 만들기 위해 마우스의 폐를 적출하여 1~2mm로 잘게 절편을 만들어 배지로 충만시킨 젤라틴 스폰지에 배양하면 60여일 동안 배양이 유지된다. 이렇게 배양된 조직절편에 실리카를 투여하면 생체에서와 같은 폐의 섬유화가 일어나는 것을 알 수 있다. 이와 같은 방법은 뇌, 간, 기관, 피부와 같은 장기를 대상으로 이용할 수도 있다[89].

이러한 시험관적인 방법도 무생물을 이용한 대체법과 마찬가지로 검증이 필요하며, 또한 검증에 이르기까지 많은 동물을 희생하여 그 결과를 비교하는 과정을 거치게 된다. 우선 대체법을 수행하는 실험실에서 다른 연구원들이 동일한 방법으로 수행하였을 때 오차가 없었는지, 나아가서는 다른 실험실의 연구원들이 수행하였을 때는 차이점이 없었는지를 검정하게 된다. 이러한 검정에서는 대안으로 사용될 방법이 과학적인지, 경제적인지, 또한 현재 구비된 장비로 모두 수행할 수 있는 것인지를 판단해야 하며, 가장 중요한 고려요소인 3R에 입각한 방법인지를 검증해야 할 것이다.

❸ 하등동물을 이용한 시험계

마지막으로, 생체를 이용한 동물실험의 대안을 생각할 수 있다. 다세포동물로써 포유동물이 아닌 플라나리아, 환형동물, 어류 등의 하등동물을 실험에 사용

[89] Placke and Fisher 1987

하는 것이다. 우리가 흔히 말하는 animal model은 인간을 모방하는 동물을 뜻한다. 연구에서의 모방은 인간의 형태를 모방하는것을 뜻하는 것이 아니라 인간의 생리학·병리학적인 모방을 뜻하는 것이다.

이러한 동물모델은 생물학적모델동물과 질환모델동물로 나누기도 한다. 생물학적모델은 각종 정상동물과 이상형질을 보이는 동물을 이용하여 그들의 생물학적 기능이나 생물학적 특성을 연구함으로써, 사람이나 동물의 기본적인 생명현상을 해명하는 경우에 사용된다. 질환모델동물은 사람의 질환과 유사한 질환을 자연적으로 보이는 동물 또는 인위적으로 유도한 동물을 말하며, 이러한 동물을 이용하여 인간의 질환을 이해하고 그 치료제를 개발하는데에 사용된다.

생물학적모델동물은 척추동물뿐만 아니라 무척추동물도 다양하게 이용되고 있다. 꼬마선충, 바퀴벌레, 성게, 초파리, 군소, 오징어 등이 유전학, 발생학, 신경발생 생물학 등에서 광범위하게 이용되고 있다. 이러한 하등동물로 고등동물을 대체하는 이유는 하등동물일수록 고통과 억압에 민감하지 않다는 사실, 실험동물로 사육할 때의 경비 절감, 짧은 생애로 인한 실험결과의 신속한 판단, 고통시간의 단축, 실험동물에 대한 대중의 관심 회피 등이 그 이유일 것이다. 이러한 동물을 선택할 때 역시 3R에 입각한 정신으로 대체동물을 선택해야 동물실험의 대안으로써의 의미가 있다. 그렇지 않다면, 새로운 실험동물종을 동물실험방법에 추가할 뿐일 것이다.

생체를 이용한 대체시험의 몇 가지 예를 소개하고자 한다.

- 최근에는 어류를 이용한 실험이 많이 증가하고 있다.

    ⇒ 각종 어류가 각기 다른 환경에서 서식하고 있기 때문에 실험계를 다양화시킬 수 있는 이점이 있다. 이러한 이유로 발생학, 신경학, 내분비학, 환경생물학, 독성학, 발암기전 등의 연구에 많이 이용되고 있다.

    ⇒ 어류는 화학물질에 대하여 마우스나 랫드만큼 민감하게 반응을 한다. 그래서 발암성시험이나 변이원성시험, 또는 생식독성시험에 많이 이용될 수 있다[90].

90 Hodson, 1985

- 형질전환동물이나 넉아웃knock-out 동물은 인위적인 유전자 조작을 통하여 인간의 각종 질병과 유사한 질병상태를 보이며 태어난 동물들이다[91].

⇒ 이러한 동물모델을 다양화함에 따라 약물이나 수술적 방법, 또는 면역학적인 방법으로 정상동물을 사람과 유사한 질병상태로 만드는 전통적인 모델동물보다 훨씬 동물을 적게 사용할 수 있게 되었다. 이는 과학의 진보에도 많은 공헌을 하였다.

⇒ 그러나 하나의 형질전환동물을 만들어서 원하는 형질을 나타내기까지는 많은 동물이 희생되어야 한다. 더구나 이와 같이 인위적으로 조작된 동물은 정상상태가 아니기때문에, 사육관리를 소홀히 하면 쉽게 사망하기도 한다.

⇒ 면역력이 극도로 저하되어있는 NSG mouse에 사람의 백혈구를 이식한 인간화 마우스를 만들어, 설치류에는 감염이 일어나지 않는 사람의 바이러스[92]의 병리발생 기전연구 및 치료제 개발 등에 유용하게 사용한다.

⇒ 이러한 동물이 개발되기 전에는 영장류를 이용한 동물실험이 유일한 방법이었다. 약물을 스크리닝할 때 영장류를 사용하지 않고 재조합된 마우스를 이용한다면, 영장류의 사용을 현저히 감소시킬 수 있다[93].

---

91 Palmiter and Brinster, 1985
92 AIDS virus 등
93 Journal of Alternatives to Animal Experiments 1 (1), 2007

4) 실험동물로써의 제브라피쉬

대표적인 어류 실험동물에는 제브라피쉬Zebrafish와 송사리, 잉어 등이 있다. 잉어는 환경 및 생태계 독성 연구에 많이 사용되고 있고, 송사리는 유전학 연구에 활용돼왔다. 그런데 송사리는 수정부터 부화에 이르기까지 상당한 시간이 소요된다. 그래서 유전학자들은 부화시간이 짧은 제브라피쉬에 많은 관심을 기울이고 있다.

제브라피쉬의 특성 및 실험동물로써의 장점을 나열하면 다음과 같다.

- 크기가 약 3-4cm 가량으로 송사리와 유사하고 얼룩말과 같이 몸에 긴 검은줄과 흰줄이 나열돼있듯이 보이는 관상용 열대 어종으로, 인도, 파키스탄, 네팔 등지의 민물에서 사는 소형 민물어종이다.
- 수정 후 이틀만에 부화가 되며, 부화할 때까지 알이 투명하여 발생단계의 관찰이 용이하다.
- 암컷이 크고 은빛을 띠며 구형에 가까운 모습이다. 수컷은 유선형에 가깝고 암컷보다 황색을 띠며 날렵한 유선형이다.
- 잡식성이고 알을 많이 낳는 어종으로, 산란을 유도하기 위해서 야간에는 소등을 해주고 조간에 밝은 빛을 순간적으로 제공해주면 수컷이 암컷을 자극하여 알을 낳게 된다.

  ⇒ 수정용 수조에는 수정된 알을 다른 제브라피쉬가 먹지 못하도록 철망을 설치하여 알이 그 밑으로 떨어지게 한다.
- 치어는 크기가 1-2cm 가량으로 작기 때문에 제한된 공간에서 대량으로 사육할 수 있다.
- 물의 교환이나 먹이 공급을 제외하면 다른 특별한 관리를 필요로 하지 않는데, 물 교환과 먹이 공급도 자동화되어 관리가 경제적이다.
- 알을 낳을 때 한번에 200-300개의 알을 낳고 일주일 간격으로 산란이 가능하다.

  ⇒ 같은 배의 알은 유전적 형질이 비슷하여 동물실험에 이용하기 용이하다.

- ⇒ 같은 배에서 부화한 치어를 이용하여 실험하면 실험결과의 표준 편차를 크게 줄일 수 있게 된다.
- 수정 후 24시간부터 배아는 성체에 있는 각종 장기를 가지게 된다.
- ⇒ 전립선은 없지만 전립선특이항원을 통한 전립선 연구도 가능하다.
- ⇒ 포유동물의 폐에 상응하는 아가미를 통하여 호흡기계 독성을 연구할 수도 있다.

이러한 다양한 특징 때문에 제브라피쉬는 배아 발생, 유전학, 발생독성, 생태독성 연구 등에 많이 이용되고 있다.

실험동물로써의 제브라피쉬는 마우스와 같은 고등동물의 대체동물로 이용될 수 있으며, 여러 실험용 포유동물을 대신하여 인간의 질병 치료에 많은 공헌을 하고 있다. 현재 전 세계적으로 제브라피쉬에 관련된 논문은 34,000여 편이 있으며, 관련 연구자는 8,000여명, 실험실은 1,200여개에 달한다[94].

제브라피쉬는 인간의 질병연구에 사용되기보다는 발생단계에 관여하는 유전자의 기능연구에 초점이 맞추어져왔다. 하지만, 최근에는 그 동안 축적된 유전정보를 이용하여 인간의 질병모델로써 질병기전과 치료제의 개발에 그 방향이 모아지고 있다. 인간의 많은 유전적 질병에 대해서 마우스 등의 소형 포유동물을 이용한 질환모델은 이미 상당수 개발되어 이용되고 있다. 그러나 환자수가 적은 유전적 질환은 연구대상에서 제외되어 있었고, 또한 확실하지 않은 많은 유전적 질병은 그 원인을 확인하기가 매우 어려웠다. 이러한 질병의 원인을 확인하고, 또한 치료제를 개발하는데에 제브라피쉬를 이용하고 있는 것이다. 연구자들은 인간의 질병 관련 유전자데이터를 OMIM(Online Mendelian Inheritance in Man) 등에서 찾아, 인간의 질환에 관련된다고 추정되는 유전자를 마우스나 제브라피쉬에서 유사유전자의 돌연변이를 유발시켜 질환을 재현할 수 있다. 그

[94] ZFIN

리고 그러한 동물에서 보이는 질병현상이 인간의 질병과 같은 것을 확인하면 동물에게서 치료법을 구하게 되고, 발견된 새로운 치료법을 사람에게 적용하는 것이다.

마우스는 교미 후 20여일만에 분만하지만, 제브라피쉬는 수정 후 부화에 이르기까지 불과 48시간 정도가 소요된다. 또한, 앞서 언급했듯이 제브라피쉬의 배아는 투명하여 수정 후 배아의 발생단계를 현미경 하에서 관찰할 수 있으며, 특정 세포에는 형광을 표식하여 그 분화 과정을 형광현미경으로 관찰하며 발생 이상 여부를 확인할 수 있다. 이러한 장점 덕분에 발생과 관련된 유전질병 연구에 제브라피쉬가 이용되고 있는 것이다.

최근에는 제브라피쉬를 다양한 연구분야에 적용시키고 있다. 제브라피쉬를 이용하여 흡입독성을 시험할 수도 있다. 어류의 아가미는 그 기본 구조인 새박판이 모세혈관, 상피세포, 지지세포로 구성되어있어 포유동물의 폐포와 같은 형태로 되어있다. 실제로 가습기 살균제의 원료로 사용되어 사람에게 폐섬유증을 일으킨 PHMG Polyhexamethylene guanidine를 제브라피쉬에 적용해본 결과, 사람에게서와 같이 아가미에 염증과 섬유화가 일어난 것을 확인하였다.

전립선이 없는 제브라피쉬를 이용하여 전립선 실험을 할 수 있을까? 이것 역시 가능하다. 포유류의 전립선에서 분비하는 전립선 특이항원을 갖는 세포들이 제브라피쉬에도 존재한다. 이러한 세포를 대상으로 전립선기능에 대한 연구를 수행할 수 있다. 전립선이나 부신은 장기로 분화하지 못하고 세포 수준에서 머물고 있지만, 갑상선은 포유동물과 마찬가지로 여포를 형성하여 갑상선 호르몬을 분비한다. 이러한 장기와 세포를 대상으로 포유동물에게 수행하는 많은 실험을 제브라피쉬에게 할 수 있으며, 장기 특이적으로 형광이 발광되도록 조작한 제브라피쉬를 이용하면 각종 장기의 위치와 변화를 추적할 수 있다.

비단 인간의 질병 뿐만 아니다. 포유동물의 질병모델로도 제브라피쉬가 활용될 수 있다. 반려동물의 질병을 치료하고자 동일한 종의 동물을 실험동물로 사용하는 것보다는, 제브라피쉬를 이용하여 치료제를 개발한 후 반려동물에게 임상실험을 한다면 동물실험에서 희생되는 많은 개와 고양이를 구할 수 있을 것이다.

그런데 제브라피쉬를 고등동물을 통한 동물실험의 전면적인 대안수단으로 이용하는것에 관해서는 이론의 여지가 있을 수 있다. 마우스나 제브라피쉬 모두 같은 동물이며 비슷한 고통을 느끼는데, 제브라피쉬가 과연 마우스의 대안이 될 수 있는지의 문제이다. 그러나 어류보다는 포유류가 사람들의 감정에 더 가깝게 느껴진다는 점을 생각해본다면, 제브라피쉬를 포유류의 대체동물로 이용할 수도 있을 것이다. 또한 단순히 감정적인 면을 넘어서, 생리학적·행동학적 측면에서도 어류보다 포유류가 고통에 더욱 민감하다는 사실이 또 다른 이유가 될 수 있을 것이다.

우리는 살면서 타인으로부터 구원의 요청을 받으면 도움을 주고자하는 마음이 생긴다. 그런데 위급한 상황이라면 부모, 형제, 자식부터 도와주고 여력이 생기면 타인을 돕는 것이 사람의 마음이다(親親仁民愛物). 인간은 동물에 대해서도 그러한 마음이 있을 것으로 생각한다. 같은 목적의 동물실험을 해야 할 상황이라면, 포유동물보다는 제브라피쉬를 사용하는것이 동물실험에 대한 하나의 대안이 될 수도 있을 것이다.

5) 동물실험대안의 미래

오늘날, 과학적·윤리적 관점에서 동물대체시험법의 개발이 지속적으로 요구되어 현재 국내·외의 여러 연구기관에 의해 시험법 개발이 진행되고 있다. ▶유럽 대체시험법평가센터ECVAM 및 ▶미국의 독성물질관리프로그램NTP 산하 대체독성시험법평가센터NICEATM와 부처간 대체시험법평가협력위원회ICCVAM, 그리고 ▶일본의 대체시험법평가센터JaCVAM를 중심으로 수많은 동물대체시험법이 개발·검증되었고, 그러한 대체법으로 실험한 물질을 허가 및 등록과정에서 수용하고 있다. 각 나라에서 개발된 시험법은 국제기구인 OECD를 통하여 검증된 후 전세계적으로 제공되고 있다.

국내에서는 식품의약품안전처 산하에 대체시험법평가센터KoCVAM를 설립하여 동물대체시험법의 개발을 진행하고 있다. KoCVAM은 유럽연합, 미국, 일본에 이어 세계에서 4번째로 설립된 국가 대체시험법검증센터이며, 국내 실정에 맞춘 동물대체시험법의 개발·검증 가이드라인을 제시하고 있다.

한편, 안전성 평가 및 연구 분야에서 이용되고 있는 실험동물과 대체법 모델은 사람의 생체 반응을 예측하기에는 한계가 있다. 이에 따라 새로운 동물대체시험법의 개발과 검증이 요구되고 있고, 최근에는 유도만능줄기세포가 동물대체시험법의 대안으로 떠오르고 있다. 사람의 줄기세포로부터 분화된 여러 장기 유사체를 하나의 배양체계에 함께 배양하여[95] 사람의 각종 세포가 상호작용을 하도록 연계함으로써, 이전에 개발된 동물대체시험법에 비하여 사람과 생물학적으로 비슷한 모델을 개발하는 것이다.

동물로부터 얻는 정보는 사람에게서 수집된 정보에 비해 제한적일 수밖에 없다. 그 동안 축적된 사람에 대한 임상연구, 임상시험, 공중보건학적 역학정보, 유전자 해석 등을 통해 막연하게 의지해왔던 동물실험의 정보를 대체해나가는 것이 앞으로 진행될 동물실험 대체안의 중요한 과제이다.

[95] Novik et al., 2009

IV
동물복지에 대한 제언

1
안자(晏子)의 간언

※

안영晏嬰은 안평중晏平仲, 혹은 안자晏子라고 불리기도 하였는데, 기원전 500년 중국의 춘추시대에 제齊나라의 명재상으로 제 영공靈公, 장공莊公, 경공景公의 3대를 섬기며 군주에게 기탄없이 간언하였다. 《안자晏子》에 다음과 같은 이야기가 기록되어있다[96].

> 경공의 사냥개가 죽자, 경공이 명하기를 밖으로는 개에게 관을 마련해주고 안으로는 제사를 지내도록 하였다. 안자가 그 말을 듣고 간언하자 경공이 말하기를, "역시 작은 일입니다. 그저 좌우 신하들과 웃음거리로 삼을 뿐입니다"라고 하였다. 안자가 아뢰기를, "임금님께서 잘못하십니다. 많이 거두어들이고 백성에게 되돌려주지 않으면서 재물을 버려 좌우 신하들을 웃게 하시다니요. 백성들의 근심을 무시하면서 좌우 신하들의 웃음을 중시한다면 나라가 역시 희망이 없습니다. 게다가 고아나 늙은이는 헐벗고 굶주리는데 죽은 개가 제사를 받으며 홀아비와 과부는 보살핌을 받지 못하는데 죽은 개가 관까지 갖추다니요. 행실이 치우친 것이 이와 같음을 백성들이 듣는다면 틀림없이 우리 임금님을 원망할 것이고 제후들이 듣는다면 틀림없이 우리나라를 얕볼 것입니다. 원망이 백성들에게 쌓이고 권세가 제후들에게 얕보아지는데도 작은 일이라고 하십니까. 임금님께서는 바라건대 이를 헤아려 주십시오"라고 하였다. 경공이 말하기를, "훌륭합니다"라 하고는 바로 주방장에게 개를 요리하게 하여 조정의 신하들을 회식시켰다(景公走狗死, 公令外共之棺, 內給之祭. 晏子聞之諫, 公曰, 亦細物也. 特以與左右爲笑耳. 晏子曰. 君過矣. 夫厚籍斂不以反民, 棄貨財而笑左右, 傲細民之憂, 而崇左右之笑, 則國亦無望

---

96 I-3. 에 삽입된 「동양고전에서 본 동물과 인간의 관계」에 동일한 내용이 실려있으나, 새로운 논의를 위하여 재론하고자 한다.

> 已. 且夫孤老凍餒而死狗有祭, 鰥寡不恤而死狗有棺, 行辟若此, 百姓聞之, 必怨吾君, 諸侯聞之, 必輕吾國. 怨聚于百姓, 而權輕于諸侯, 而乃以爲細物. 君其圖之. 公曰, 善. 趣庖治狗, 以會朝屬).

이 대목에서 안자는 동물에 대한 '측은지심'보다는 곤궁한 사람들에 대한 복지 문제를 먼저 생각해야 한다고 간언하고 있다.

서양에서는, '동물은 의식이 없는 기계일 뿐'이라는 데카르트의 주장과 같이 동물은 인간이 이용하는 대상이라는 생각이 20세기에 들어서는 피터 싱어를 비롯한 동물복지를 주장하는 사람들에 의해 바뀌게 되었다. 「동물 해방」으로 대표되는 그의 주장은 일부 현실화되었고, 또한 동물을 이용하는 많은 분야에서 지지받고 있다. 립스틱 개발을 위해 30마리의 토끼에게 고통을 가하면서 죽음에 이르게 할 때, 과연 토끼와 인간 중 어느 쪽이 최대다수의 행복일까? 립스틱을 사용하는 사람들의 조그마한 행복이 더 클지, 30마리의 토끼가 고통을 받지 않고 생을 이어가는 행복이 더 클지에 대해서는 더이상 많은 사람들이 고민하지 않는다. 우리나라의 「화장품법」에 명시된, 화장품 개발과 관련된 동물실험을 금지한 조항이 이러한 갈등에 대한 결론을 말해주고 있다.

그러나 톰 리건Tom Regan, 1938-2017과 같은 철학자는, 동물은 본래의 가치(생명권)가 있다고 주장하며, 가축사육이나 모든 동물실험을 폐지해야 한다는 극단적인 주장을 하였다. 하지만, 육식동물이 생존을 위해 초식동물을 사냥하는것과 같이 인간 역시 자연의 일부로써 육식을 하고 생명을 구할 약이 필요하다. 우리는 경공과 안자의 대화로부터 동물을 바라보는 인간의 마음을 엿볼 필요가 있다.

IV. 동물복지에 대한 제언

2

權道(권도)

*

《논어》에 따르면, 여섯 가지의 말에 따른 여섯 가지의 폐단이 있다고 한다.

> 仁知信直勇剛(인지신직용강)이 여섯 가지 말이고 愚蕩賊絞亂狂(우탕적교란광)이 여섯 가지 말에 따른 각각의 폐단이다. 仁(인)을 좋아하면서 배우기를 좋아하지 않으면 그 폐단은 어리석음(愚)이고, 지혜(知)를 좋아하면서 배우기를 좋아하지 않으면 그 폐단은 방탕(蕩)이며, 신의(信)를 좋아하면서 배우기를 좋아하지 않으면 그 폐단은 해침(賊)이고, 정직(直)을 좋아하면서 배우기를 좋아하지 않으면 그 폐단은 각박함(絞)이며, 용맹(勇)을 좋아하면서 배우기를 좋아하지 않으면 그 폐단은 어지럽힘(亂)이고, 굳셈(剛)을 좋아하면서 배우기를 좋아하지 않으면 그 폐단은 조급함(狂)이다.

「양화」 제8장에 나오는 말이다. 仁知信直勇剛은 우리가 살면서 지향하는 正道정도이며 원칙이다. 그런데 배움이 없이 그 목표만 좋아하면 愚蕩賊絞亂狂과 같은 폐단이 생길 수 있다는 것이다. 즉, 배워서 이치를 밝히면 그러한 폐단을 막을 수 있으며, 배워서 이론이나 이치를 알면 상황에 대해 재단할 수 있으며 통제도 할 수 있게 된다는 것이다(學以載之, 學以制之).

이것은 權道권도를 배울 것을 강조한 것이라 볼 수 있다. '權'은 저울추와 같이 상황에 따라 변동하는 것을 말한다. 원칙에 반대되지만 결과적으로는 도리에 맞게 되는 것이 權道이다. 위급상황에서는 원칙만 고집하기보다는 상황에 맞게 판단하여 행동해야 한다. 제齊나라 순우淳于가 맹자에게 "弟嫂(제수)가 우물에 빠지면 손을 잡아 구해줘야 합니까?"라고 예禮에 대해서 묻자, 맹자는 "제수가 물에 빠졌는데 구원하지 않는다면 이는 승냥이니, 남녀 간에 주고받는 것을 친히 하지 않는 것은 禮이고, 물에 빠지면 손으로써 구원해주는 것은 權이다"라고 하였다.[97]

그런데 이러한 權道를 모르고 자신의 작은 믿음에 집착하다가 낭패를 본 예가 많이 있다.

- 춘추시대의 송 양공宋 襄公이 초楚와 싸움을 벌였다. 적군이 배로 강을 건너올 때 공격하자는 신하의 말에, 襄公은 싸울 준비가 되지 않은 상대를 공격하는 것은 어질지 않다고 말하며 강을 건너올 때까지 공격하지 않다가 결국 대패하였다(宋襄之仁: 송양지인).
- 노魯나라에 살았던 미생尾生이란 사람은 사랑하는 여자와 다리 밑에서 만나기로 약속을 하였다. 다리 밑에서 기다리던 미생은 억수같은 비 때문에 물이 불어 피해야함에도 불구하고 그 여자를 기다리다 결국 물에 휩쓸려 죽었다(尾生之信: 미생지신).

한편, 권도를 자칫 잘못하면 權謀術數권모술수로 오해할 수 있다. 목적달성을 위해 正道를 무시하고 모략과 중상 등의 방법으로 상황에 따라 능수능란하게 대처하는 權謀術數와 權道는 다른 것이다. 正道의 원칙을 고수하되, 깊이있는 인생사를 배워나가면서 지혜로워져야만 權謀術數가 아닌 權道를 행할 수 있다. 동물을 대하는 사람들의 마음에도 권도의 지혜로움이 필요하다.

---

[97] 맹자(孟子)의 살이루장살(離婁장)에서 언급된다.

IV. 동물복지에 대한 제언

3

차마 하지 못하는 마음(不忍之心)

*

　가수 이효리씨가 자신의 블로그에 올린 글이 한 일간지에 실렸다. 동물은 먹지 않지만 생선은 먹으며, 개는 사랑하지만 가죽 구두를 신는다는 등의 내용이다[98]. 이러한 그녀의 갈등은 동물을 사랑하는 사람들이라면 한 번쯤은 겪어보았을 것이다. 수의사로서 동물실험을 하고, 또한 대학에서 실험동물에 관한 전문지식을 가르쳐온 필자의 입장에서는 이러한 갈등이 낯설지 않다.

　필자는, 연구에 반드시 필요한 동물실험이라도 포유류인 마우스 대신 수중생물인 제브라피쉬를 우선적으로 이용하도록 학생들에게 권장하고 있다. 학생들은 간혹 마우스와 제브라피쉬 모두 동물인데 왜 제브라피쉬를 권장하는지에 대해 질문하기도 한다. 생각해보면, 동물은 먹지 않지만 바다 고기는 좋아한다는 이효리씨의 모순과 다를 바 없다.

　그 동안 포유동물을 실험하여 개발된 의약품은 이루 헤아릴 수 없이 많다. 동물실험의 결과를 이용하여 의약품을 개발하는 연구자들이나, 동물의 고기, 알, 그리고 털가죽을 이용하면서도 동물의 고통을 이해하는 사람들은 이러한 갈등에 어떻게 대처할까? 농경시대 이전에는 사람들이 사냥을 나가기 전에 일종의 의식을 치르며, 사냥한 동물에 대해서는 함부로 살과 뼈를 버리지 않았다고 한다. 몇 년 전 구제역으로 수백만 마리의 돼지와 소를 땅에 묻었을 때, 살처분된 가축을 위한 진혼제鎭魂祭가 여러 곳에서 열렸다. 많은 실험동물시설에서는 매년 동물실험에 희생된 동물의 영혼을 달래기 위한 수혼제獸魂祭가 열린다. 이와 같이 의식儀式을 통하여 갈등을 해소하려는 사람들이 있는가 하면, 동물로부터 고기를 생산하는 과정을 소비자들이 접하지 않도록 분리시키는 방법

 98　'모순'이라는 제목의 해당 글은 현재 블로그 용도의 변화 등을 이유로 그 원문을 열람할 수 없으며, 언론 기사에서 내용의 일부를 확인할 수 있다. (QR 참고)

도 이러한 갈등을 막는 방안으로 이용되고 있다.

한편, 동물실험을 하는 연구자들은 동물실험을 해야만 얻을 수 있는 인간의 이익과, 고통받는 실험동물에 대한 3R 원칙을 함께 고려하면서 동물실험을 수행하고 있다. 여러 차례 언급했듯이, 동물실험에 사용되는 동물수를 줄이고Reduction, 동물을 대체할 수 있는 시험계를 찾고자 하는 대체방안의 모색 Replacement, 그리고 동물실험이 반드시 필요하다면 동물에게 최소한의 고통을 주는 것Refinement이 바로 3R인 것이다. 육상동물이나 조류는 먹지 않지만 생선은 먹는 페스코 베제테리언pesco-vegetarian이나 마우스 대신 제브라피쉬를 동물실험에 사용하면서 동물을 배려한다는 생각은 어디에 근거를 둔 것일까? 그러한 결정을 한 사람들 자신 역시 그 선택이 적절하다고 생각하면서도 그 근거가 무엇인지 혼동스러울 때가 많이 있을 것이다.

필자는 그 답을 맹자에서 찾아보고자 한다[99]. 맹자는 동물의 고통을 보고 들으면서도 그것에 대한 '惻隱之心'이 생기지 않는다면 '仁'을 이룰 수 없고, '仁'을 이룰 수 없다면 왕 노릇을 할 수 없다는 것을 강조하고 있다.

육상동물들로부터 보고 들었던 고통스러워하는 모습과 소리를 생선에서는 많이 감지하지 못하였다면, 생선으로 육상동물고기를 대체할 수 있을 것이다.

99 I.-4-4)항목 참고.

IV. 동물복지에 대한 제언

4

추기급인(推己及人)

*

동물과 사람 사이에 공존하는 윤리의 왕도가 있을까? 성경에서는 "네 이웃을 네 몸과 같이 사랑하라[100]"고 하였고, 탈무드에서는 "당신이 당하기를 원치 않는 일을 당신의 이웃에게 하지 말라"고 하였다.

기원전 500여 년 전의 공자도 이와 같은 가르침을 남겼다. 《논어》「공야장公冶長」에서 자공이 말하기를 "저는 남이 저에게 고통을 가하지 않기를 바랍니다. 그리고 저 역시 남에게 고통을 가하고 싶지 않습니다(子貢曰 我不欲人之加諸我也 吾亦欲無加諸人)"라고 하였다. 이것은 "자기가 바라지 않는 것을 다른 사람에게 해서는 안된다(己所不欲 勿施於人, 論語 衛靈公)"라는 "서(恕)"를 의미하며 "나를 미루어서 상대를 헤아린다"는 "추기급인(推己及人)"으로 축약할 수 있다. 이와 같은 성현들의 언급을 바탕으로 생각해보면, 내가 고통을 피하려고 하거나 쾌락을 추구하려고 할 때 남도 똑같이 그러기를 원한다는것을 알 수 있으며, 상대를 배려하는 推己及人이 우리가 지켜야할 윤리의 왕도라는 생각이 든다.

그러나 사람들 사이에서조차 아직도 인종차별과 성차별이 존재하는 곳도 있지만, 사람과 동물사이에서의 종차별은 이만저만이 아니다. 많은 사람들은, 동물은 고통에 대하여 둔감하고 동물들이 원하는 열망과 쾌락이 사람들이 원하는 그것만큼 복잡하거나 형이상학적이지 않기 때문에 무시할 수 있다고 생각한다. 동물의 고통에 대하여 느끼는 사람들의 생각의 편차는 매우 크다. 동물에 대하여 가학적인 행위를 하면서도 그 잔인함을 인지하지 못하는 사람이 있는가하면, 동물을 식품이나 약품의 소재로만 생각하기 때문에 동물이 느끼는 고통에 대하여 둔감할 수도 있다. 하지만 반려동물을 비롯한 다양한 종류의 동

---

[100] 마태복음

물과 오랫동안 생활해온 사람이라면, 동물들이 느끼는 고통의 정도가 사람과 크게 다르지 않다는 것을 이해할 것이다. 이와 같이 동물의 고통에 대한 사람들의 관점은 다양하며, 또한 동물에 따라 고통을 느끼는 정도의 차이도 있기 때문에, 동물들이 받는 고통을 구제해주는데에 많은 어려움이 있다.

한편, 동물들도 인간만큼 쾌락을 추구하는 열망을 가지고 있을까? 대부분의 동물은 번식만을 위해 생존하고 있는 것처럼 보인다. 그러나, 각종 행동실험을 통하여 동물을 관찰한 연구결과로부터 동물 역시 특정한 열망을 가지고 있다는 것을 알 수 있다. 사육장에 있는 동물은 선택의 여지 없이 주어진 환경에서만 살지만, 같은 종의 야생동물들은 다양한 선택지 중 원하는 것을 취사取捨한다. 또한 동물들도 원하는 것을 얻고자 노력한다는 것을 마찬가지의 실험을 통해 알 수 있다. 우리는 맛있는 간식을 얻기 위해 강아지들이 노력하는 모습을 주변에서 쉽게 볼 수 있다. 흰쥐를 이용한 실험에서는 먹이가 가까이에 있는데도 불구하고 물에 빠진 다른 쥐를 구하는, 이른바 '측은지심'이 발동한 예를 살펴보기도 하였다. 이것은 동물들이 번식만을 위해 생존하는 것이 아니라, 사람들이 지키려는 천성天性 역시 갖고 있음을 암시한다[101].

동물들이 고통을 느끼고 또한 쾌락을 추구하는 열망이 있다는 것을 알면, 동물이 사람과 공존의 대상이 될 수 있다는 것을 생각하지 않을 수 없다. 인간의 생존을 위해 어쩔수 없이 동물을 식품과 실험동물로 이용해야 한다면, 동물의 고통을 구제해주고 쾌적한 생활환경을 만들어주는 것이 推己及人을 실현하는 최소한의 방안일 것으로 생각된다.

---

101 I-5-4)-(2) 항목 참고.

IV. 동물복지에 대한 제언

5

동물복지는 이상일 뿐인가?

*

사람들은 종종 문제의 발단을 남에게서 찾으려고 하지만, 사실은 그 해결방안은 평범한 일상, 또는 자신으로부터 찾을 수 있다는 것(反求諸己)을 간과하고 있는지도 모른다.

> 신발을 사려고 하는 정(鄭)나라 사람이 있었다. 그는 먼저 자기 발의 크기를 재어 종이에 기록하고 그 종이를 앉은 자리에 두었다. 그 치수를 잰 것을 가져가는 것을 잊고 시장에 도착하였다. 시장에서 신발을 들고는 "발의 크기를 적은 종이를 잊었네!" 하고는 집으로 돌아와 그것을 가지고 다시 시장에 갔으나 장이 이미 끝나서 결국 신발을 사지 못하였다. 어떤 사람이 "어찌 당신의 발로 그 신발의 크기를 재보지 않았습니까?"하자 그 사람은 "치수를 적은 종이는 믿지만 내 발은 믿을 수 없다."고 대답했다[102](鄭人有欲買履者, 先自度其足而置之其坐, 至之市而忘操之˚ 已得履, 乃曰: "吾忘持度" 反歸取之˚ 及反, 市罷, 遂不得履˚ 人曰: "何不試之以足?", 曰: "寧信度, 無自信也)".

또한 《詩經》에, '도끼자루를 베는구나, 도끼자루를 베는구나, 그 법칙이 멀리 있지 않다伐柯伐柯 其則不遠: 벌가벌가 기칙불원'는 시구가 있다. 산에 가서 도끼로 나무를 베어 도끼자루를 만드는데, 자신이 잡고 있는 도끼자루를 바로 보지 않고 비스듬히 보면서 자신의 도끼자루와 새로 만드려는 도끼자루가 서로 다르다고 생각한다. 집에 두고 온 부러진 도끼자루를 아쉬워하면서 새 도끼자루를 만들기를

---

102 ҉韓非子҉ 第32篇 外儲說

어려워한 것이다. 새로 만드려는 도끼자루의 길고 짧은 법칙이 자신이 잡고 있는 도끼자루에 있는데도 불구하고 그것을 간과한 것이다.

  올바른 삶의 길은 멀리 있지 않다. 깊은 자연 속에 있는 것이 아니며, 특출한 사람들의 비범한 삶 속에 있는 것도 아니다. 평범한 일상에서 바른 길을 찾지 않고 오히려 멀리한다면, 이는 올바른 삶의 길을 가고 있다고 할 수 없다. 동물과 인간이 공존하는 길은, 다른 나라의 법이나 형이상학적 논리 속에 숨어있지 않다. 해답은 바로 우리 곁에 있다. 주변을 둘러보면, 바로 우리가 동물에게 해 줄 수 있는 것들이 무엇인지 알 수 있을지도 모른다.

V
일터에서 동물과 함께 하는 사람들

1

동물과 함께 하는 사람의 복지도 중요하다.

*

'동물'과 '인간'이라는 키워드가 주어지면 우리는 자연 생태계 속 야생동물, 소나 말과 같은 경제동물, 개나 고양이와 같은 반려동물을 쉽게 떠올리고, 이들과의 교감이나 동물복지, 보호 같은 단어를 쉽게 떠올린다. 그러나 실제 일터에서 동물을 접하는 사람들-동물실험 연구자, 수의사, 사육사 및 실험동물기술사 등-의 감정 상태나 복지 필요성에 대해서는 상대적으로 관심이 부족하며 어떤 것이 필요한 지 잘 모른다. 이들은 살아 움직이는 생명체, 그 중에서도 대부분 인간처럼 오감과 체온을 지닌 포유동물과 직업적으로 마주하며, 다양한 실제적 고충을 겪고 있다. 이러한 고충은 감정적 소진, 직무 스트레스, 윤리적 갈등, 그리고 업무 환경과 관련된 문제 등으로 나타나며, 특히 동물실험 연구자를 중심으로 살펴보면 대략 다음의 네 가지 문제로 요약된다.

첫째, 윤리적 딜레마 및 감정적 소진이 나타날 수 있다. 동물을 다루는 과정에서 동물에 대한 감정적 유대감을 느끼면서도, 동물에게 고통을 가하거나 심지어 안락사를 시행하는 역할을 맡기도 하는데, 이는 윤리적 스트레스를 유발한다. 이는 동물 연구 환경에서 특히 흔한 문제로 과학적 목적이라는 대의를 인식하고 있음에도 불구하고 동물복지에 대한 걱정은 지속적인 심리적 부담으로 작용한다. 또한 반복적인 실험과 동물의 고통을 가까이서 지켜보는 것은 감정적으로 큰 부담이 될 수 있는데 특히, 장기간의 연구를 통해 연구자들이 해당 동물에 정서적 애착이 형성되면 감정적 소진(Emotional Burnout) 현상이 심화될 수 있다(Lafollette et al. 2020). 국내에서도 연간 3백만 마리 이상의 마우스와 랫드를 포함 수많은 동물이 실험에 사용되고 있음에도 불구하고(Ahn et al 2021), 동물실험을 수행하는 연구자의 정신건강에 대한 관심은 여전히 미미하다(모 2016; Ahn et al 2022).

둘째, 점차 강화되는 법적 규제 문제가 있다. 표준화된 동물실험 환경에서는 법적 규제가 매우 엄격하며, 실험의 전 과정과 결과를 문서화해야 하는 부담이 따른다. 규정을 위반할 경우 법적 처벌이나 시설 폐쇄 등의 위험이 있어, 연구자들은 지속적인 압박을 받는다. 또한 최근 동물복지에 대한 관심이 높아짐에 따라 고통을 최소화하는 새로운 실험기법의 도입이 요구되며, 이는 시간과 비용을 증가시키고 효율성과 동물복지 및 윤리 사이에서의 균형이라는 문제를 낳는다. 동물대체시험법이 대안으로 제시되지만, 모든 실험에 적용하기에는 한계가 존재하며 해당 시험법을 의무적으로 적용하기에는 여전히 논란이 존재한다.

셋째, 번아웃을 유발하는 작업 환경이 있다. 동물실험 과정은 세심한 주의와 집중을 요하는 경우가 많다. 실험의 정확성을 유지하기 위해 반복적이고 세밀한 작업을 요구하며, 실수를 줄이기 위해 많은 정신적 에너지를 소모한다. 동물을 직접 다루는 작업은 신체적으로도 강한 노동을 수반한다. 실험동물을 이동시키거나 관리하는 과정에서의 신체적인 부담과 반복적인 작업은 피로감을 유발할 수 있다. 또한 인력부족으로 인한 과도한 업무량 및 노동시간은 노동강도를 높이고 전반적인 직무만족도를 저하시켜 번아웃의 원인이 된다(Murray et al. 2020).

넷째, 사회적 낙인 및 외부의 압박이 있다. 동물실험에 대한 일부 대중의 부정적인 인식과 비판으로 연구자들은 종종 사회적으로 낙인찍히는 경험을 한다. 특히, 동물보호단체로부터의 압박이나 반대 시위 등이 연구자들의 정신적 스트레스를 가중시키며 가족이나 친구를 포함, 동물실험에 반대하는 사람들과의 의견 차이로 인해 사회적 관계에서 불편함을 겪는 경우도 흔히 볼 수 있다(Murray et al. 2020).

V. 실험동물

2

일터에서 동물을 마주하는 사람들의 직업적 스트레스

　이렇듯 일터에서 동물을 마주하고 다뤄야 하는 사람들은 심적, 육체적 직무 스트레스가 외상 후 스트레스 장애(Post-traumatic stress disorder; PTSD)로 이어지기도 한다. 특히 동물과 지속적으로 상호작용하는 경우 동정피로(Compassion Fatigue)를 비롯한 윤리적 딜레마가 나타난다. 직무에 따라 윤리적 갈등 양상이 다르게 나타나는데 예로 들면 동물실험을 직접 담당하는 연구자들은 실험의 필요성을 인정하면서도 동물 희생에 따른 죄책감을 느끼고, 연구책임자나 동물실험시설 관리자들은 연구자들의 윤리 기준 준수를 독려하는 과정에서 감정적 피로를 겪는다. 동물과의 정서적 유대감, 동물복지에 대한 도덕적 갈등으로 인한 윤리적 부담감, 그리고 반복적인 스트레스 상황에 노출되면 동정피로와 직무 스트레스가 쉽게 올라간다. 이러한 문제는 개인의 건강뿐만 아니라 직무 성과에도 부정적인 영향을 미칠 수 있어, 전문적이고 체계적인 관리가 필요하다.

　수의사들을 대상으로 한 연구에 따르면 이들은 과도한 업무 부담과 경제적 압박, 안락사 등의 업무로 인해 일반 인구보다 자살 시도율이 두 배 이상 높고(Bartram 등, 2008, 2010; Larkin 등, 2016) 치료의 한계, 비용 문제, 비윤리적 요구 등의 도덕적 딜레마는 우울, 수치심, 외상 후 스트레스 등의 정신적 증상을 유발한다(Batchelor 등 2012, Whiting 등 2011). 수의사뿐만 아니라 필요에 의해 동물을 죽여야 하는 업무를 수행해야 하는 직군에서 나타나는 직무스트레스를 돌봄과 죽임의 역설(care-killing paradox)라고 부르는데 이러한 업무를 수행한 이후에는 고혈압, 우울증, 자살 충동, 약물 남용과 같은 신체적, 정신적 증상이 다른 직군에 비해 높은 것으로 나타났다(Arluke 등, 1991). 따라서 이러한 직장 내에서는 스트레스 관리 프로그램을 도입하고, 안락사 등의 고부담 업무에 대해 명확한 표준 절차 확립 및 가급적 제한된 인력이 전담하도록 개선하여 종사자들의 근무환경을 개선할 필요가 있다(Newsome 등 2019). 최근 연구에 따르면 팬데믹 기간 동안 실험동물의 이동 제한과 인력 공백으로 인해 동정피로와 스트레스가 유의미하게 증가했다는 연구도 있다(Thurston et al., 2021, Ahn et al., 2024).

동물 관련 종사자들은 특히 안락사 및 부검, 고통이 주어지는 처치에 대해 많은 스트레스를 받고 있다. 동물의 고통을 줄이기 위해서는 마취와 진통제의 적극적인 사용을 권장할 필요가 있으며 안락사나 부검에 대해서는 소수의 전문가가 전적으로 이를 전담하도록 하여 일반 종사자들이 해당 업무를 '회피'하고 관련 시설로부터 '분리'하는 것을 제도화하는 접근이 필요하다. 이는 과거 시장에서 가축을 직접 잡던 것과 달리 현대도시에서는 도축장을 일반 생활공간과 분리한 것과 같은 원리로, 불필요한 정신적 고통을 줄일 수 있을 것이다.

V. 실험동물

3

동정피로와 직무 스트레스를 해소하기 위한 프로그램

＊

많은 연구자들이 동물을 직업적으로 대하는 사람들이 해소해야 할 가장 큰 요소의 하나로 동정피로를 지목하고 있다. 동정피로가 높게 나타나는 직업군에는 동물 관련 종사자뿐만 아니라 보건의료종사자 및 돌봄서비스 종사자도 포함이 되는데 특히 응급실, 종양학, 중환자실 간호사들 사이에서 흔히 나타나는 문제로 주요 연구들을 종합해보면 간호사, 수의사 및 수의간호사들에게 동정피로와 번아웃을 예방하고 공감만족을 증진시킬 수 있도록 체계적인 교육과 명상, 회복 탄력성 프로그램을 도입하는 것이 효과적임을 알 수 있다. 프로그램의 성공적인 수행을 위해서는 지속적인 자기 관리와 동료 간의 지원 체계도 중요하다. 대표적으로 Cocker 등 (2016)은 총 13개의 관련 연구를 분석하여 건강관리, 응급 구조 및 지역 사회 서비스 종사자들의 동정피로를 예방하고 줄이기 위한 효과적인 개입방법을 다음과 같이 제시한다.

- 구조화된 명상 및 상호작용 그룹 세미나
  직무 소진 감소에 효과적이었으며, 특히 회복 탄력성 강화 요소를 포함한 프로그램은 번아웃과 외상성 스트레스를 감소시키고 공감만족도를 향상시킨다.
- Accelerated Program for Compassion Fatigue (ARP)
  동정피로를 조기에 인식하고, 회복력과 자아 존중감을 높이는데 효과적이다.

이러한 접근은 동물관련 종사자에게도 적용 가능하며, 아래와 같은 요소를 갖춘 맞춤형 프로그램이 권장된다. 해당 요소들은 동정피로와 직무로 인한 스트레스를 사전에 줄이기 위한 예방적 접근과 이미 발생한 스트레스를 효과적으로 관리하기 위한 지원을 함께 염두에 둔 것이다.

1) 동정피로 및 동물윤리 교육 프로그램

- 기초 교육

  동정피로에 대한 기본 개념을 교육하고, 발생 원인과 증상에 대한 인식을 높이고 이를 통해 자신이 겪는 감정 상태를 인지하고, 필요 시 도움을 요청할 수 있도록 한다.

- 심리적 영향 교육

  동물과의 상호작용이 미치는 심리적, 정서적 영향을 인식하고 동정피로의 원인과 대응 방법 및 정서적 거리두기 등을 학습한다.

- 직무맞춤형 교육

  동물 연구자들은 동물 희생 감소 방안, 관료나 기관책임자는 윤리 기준 강화 방안, 수의사는 통증 관리에 초점을 맞춰 학습한다.

- 동물대체시험법 교육

  줄기세포 및 오가노이드 등을 이용한 동물대체시험법 소개를 통해 동물 사용 최소화 및 대안 범위 확대에 대해 학습한다.

2) 정서적 회복력 강화 프로그램

- 정신적 회복력 향상

  각종 스트레스 상황에서 개인이 회복할 수 있는 능력을 기르도록 자가 조절, 의도적 행동, 사회적 연결감 등을 학습한다.

- 마음 챙김 및 자애 명상

  명상은 스트레스와 정서적 피로를 줄이고 정서적 회복을 촉진하는 데 효과적이며 짧은 명상 기법이 유용하다. 4주간 주 5회 간단한 마음 챙김 명상, 자애 명상과 같은 실천을 권장한다.

3) 자가 관리 및 자기 돌봄 전략

- 자가 관리 교육

  자신을 돌보는 다양한 방법을 교육하여 스트레스를 관리할 수 있도록 돕는다. 스트레스 관리법 및 자기 돌봄 전략 등을 학습한다.

- **개인별 회복계획**
  사람마다 스트레스 요인이 다르기 때문에 개인 맞춤형 회복 계획을 세우는 것이 중요하다. 개별 스트레스 요인을 분석하고, 이를 토대로 맞춤 회복 전략을 수립한다.

4) 사회적 지지 및 상담 제공

- **상호지원 그룹 운영**
  동일 직군끼리의 유대감을 강화하고 서로의 경험을 나눌 수 있는 상호지원 그룹을 마련하는 것도 중요하다. 동료 간 경험 공유와 소통을 통해 정서적 연대감을 조성할 수 있다.

- **전문 상담 제공**
  정기적으로 심리 상담을 받을 수 있는 기회를 제공함으로써 종사자들이 정신적, 정서적 건강을 돌볼 수 있도록 지원한다. 이차 외상 스트레스에 대비한 심리상담 지원 등이 필요하다.

5) 창의적 치유 프로그램

- **예술 치유**
  미술, 음악, 글쓰기 등의 활동을 통해 스트레스를 해소하고 내적 감정 표현 및 치유를 촉진할 수 있다.

- **리트릿 운영**
  자연 속 휴식과 자기 돌봄 등을 통해 심리적 재충전의 기회를 제공하는 효과적인 방법이다.

- **동물위령제**
  인류를 위해 불가피하게 희생된 동물을 기리는 행사로 생명체를 존중하는 마음과 연구자의 정서적 위안을 기대할 수 있다.

위의 프로그램 요소들은 다양한 측면에서 개인의 정신건강을 위해 필요한 학습요소를 빠짐없이 제시한 것으로 개인 및 기관의 성격에 따라 선택적으로 활용할 수 있을 것이다. 실제 운영하기 위해서는 각 기관의 규모 및 종사자 수에 따라 직접 운영을 고려하거나 또는 공공기관에서 표준 운영 프로그램을 제공하여 원하는 기관의 종사자가 참여하는 방법이 있다. 실제 동물실험 연구자를 위한 프로그램의 예를 아래에 표로 제시하였다.

Phase 1 사전직무교육	
운영주기	직무 투입 전
내용	- 동물실험 오리엔테이션 및 실험동물 종사자를 위한 심리특강
효과	업무파악, 직무적성, 진단 및 사건 사고의 사전 예방

Phase 2 자기관리 및 동물과의 상호작용	
운영주기	상시 또는 정기적
내용	- 요가, 명상수업 및 야외활동을 통한 심신관리 및 동료 소통 - 동물과의 감정 교류 훈련 및 동물실험 업무 사례 나눔(연 6회) - 동물위령제 등 공동체와 연구자의 유대 행사 마련(연 1회)
효과	- 스트레스 완화 및 업무 효율성 증진 - 안락사 등 민감한 작업 후 정서적 회복탄력성 확보 - 사회적 이해 및 지지 연구자의 자긍심 확보

Phase 3 업무 지원 및 교육	
운영주기	상시 또는 정기적
내용	- 업무 분배 및 교대 및 유연 근무 지원(동물 관리 스케줄링 등) - 동물 수 감소방안 및 동물대체시험법 워크숍 실시 (연 2회 이상)
효과	- 유연한 근무 환경 및 업무 분배 효율 최적화 기여 - 동물실험 감소와 대체시험법에 대한 관련지식 축적 및 인식개선

Phase 4 정서적 지원	
운영주기	상시
내용	- 전문 심리상담 개인 서비스 (자체운영 또는 외부 유관기관 위탁) - 자긍심 고취를 위한 동료 간 대화창구(오픈채팅,점심모임 등)
효과	- 감정 관리 및 스트레스 대처를 통해 치유 및 업무 효율 증진. - 동료 간 공감과 지지를 통해 감정적인 부담을 줄이고 나아가 관련 업무에 대한 긍정적 태도를 높일 수 있음. - 동물실험 연구자를 위한 정신건강 프로그램

4

프로그램의 효과적 실행을 위한 조건

무엇보다 앞서 기술한 프로그램이 제대로 작동하려면 다음의 몇 가지 조건이 갖춰져야 한다.

가) 제도적 지원

효과적인 운영을 위해서는 제도적 뒷받침이 필요하다. 우선, 관련 프로그램을 필수 교육 항목으로 지정하여 종사자들이 사전에 직무 스트레스를 이해하고 직무 중 발생하는 정신적 부담을 해소 및 예방할 수 있도록 정신건강 프로그램을 법적 의무교육에 포함하고, 정기적으로 시행하도록 권고한다.

나) 상시 전문심리상담 연계 서비스 활용

기관 내 또는 권역별 외부 심리상담 기관과의 연계 시스템을 구축하여 개별적이고 전문적인 상담을 받을 수 있도록 한다. 필요한 경우 비용 지원까지 포함한다.

다) 직무 스트레스 감지 시스템 마련

직무 특성상 감정 소진이 심한 종사자를 위한 교대 근무제와 업무 재배치 시스템을 도입하고, 민감 업무 수행자에게 추가 보상을 제공해 스트레스 집중을 방지한다. 또한 안락사나 부검 등 동물실험 연구자들이 가장 강도 높은 스트레스를 받는 부분에 대해 숙련된 전문 인력이 이를 전담하거나 외부에 위탁하는 방안을 마련하는 것이 필요하다.

라) 일반 대중의 인식개선과 사회적 지지 확대

동물을 다루며 느끼는 도덕적 갈등과 스트레스를 줄이기 위해서는 일반 대중이 이들에게 지지를 보낼 수 있는 환경을 조성하는 것이 필수적이다. 이를 위해, 동물위령제 등 인식개선을 위한 행사를 개최하여 직무에 대한 자부심과 보람을 느낄 수 있도록 유도해야 한다.

참고문헌

1. Farnsworth MF and Pezzuto JM(1984) Practical pharmacological evaluation of plants. Lord Dowding Fund Bulletin 21: 26
2. Jukes N and Chiuia M(2003) From Guinea pig to computer mouse alternative methods for a progressive, humane education 2nd ed pp.1–77 inter NICHE
3. Hodson PV(1985) A comparison of the acute toxicity of chemicals to fish, rats and mice. Journal of Applied Toxicology 5(4): 220–226
4. Loew FM and Cohen BJ.(2002) Laboratory animal medicine, historical perspectives. In Laboratory Animal Medicine 2nd ed, pp.1–12 Academic Press, London, UK
5. Palmiter RD and Brinster RL(1985) Transgenic mice. Cell. 41(2): 343–345
6. Placke ME and Fisher GL(1987) Adult peripheral lung organ culture–a model for respiratory tract toxicology. Toxicology Applied Pharmacology 90: 284–298
7. Russell WMS and Burch RL(1959) The principles of humane experimental techniques. London: Methuen & Co. pp.238 (reprinted as a special edition in 1992 by universities federation for animal welfare)
8. Lafollette MR, et al. Laboratory Animal Welfare Meets Human 1. Welfare: A Cross-Sectional Study of Professional Quality of Life, 1. Including Compassion Fatigue in Laboratory Animal Personnel. 1. Front Vet Sci. 2020;5(7):114.
9. Ahn N, Roh S, Park J. 2021. The status and issues of the Institutional 2. Animal Care and Use Committee of Seoul National University: from 2. its establishment to the present day. Exp Anim, 70(4): 532-540.
10. 모효정. 동물 실험 연구자의 정신적 스트레스에 관한 예비 연구. 생명윤리3. 정책연구, 2016;9(3):133-159.
11. Ahn N, Park J, Roh S. Mental stress of animal researchers and 4. suggestions for relief. J Anim Reprod Biotech, 2022;7(1):13-16.

12. Murray J, Bauer C, Vilminot N and Turner PV (2020) Strengthening 5. Workplace Well-Being in Research Animal Facilities. Front. Vet. 5. Sci. 7:573106. doi: 10.3389/fvets.2020.573106

13. Bartram DJ, et al. Veterinary surgeons and suicide: Influences, 6. opportunities and research directions. Vet Rec. 2008;162(2):36-40.

14. Bartram DJ, et al. Veterinary surgeons and suicide: a structured 7. review of possible influences on increased risk. Vet Rec. 7. 2010;166(13):388-97.

15. Batchelor CE, et al. Survey of the frequency and perceived 8. stressfulness of ethical dilemmas encountered in UK veterinary 8. practice. Veterinary Record. 2012;170(1):19.

16. Whiting TL, Marion CR, Perpetration-induced traumatic stress-A 9. risk for veterinarians involved in the destruction of healthy animals. 9. Can Vet J. 2011;52(7):794-796.

17. Arluke A. Coping with euthanasia: A case study of shelter culture, J 10. Am Vet Med Assoc, 1991;198(7):1176-11180.

18. Newsome JT, et al. Compassion Fatigue, Euthanasia Stress, and 11. Their Management in Laboratory Animal Research. J Am Assoc 11. Lab Anim Sci. 2019;58(3):289-292.

19. Thurston SE, et al. Compassion Fatigue in Laboratory Animal 12. Personnel during the COVID-19 Pandemic. J Am Assoc Lab Anim 12. Sci. 2021;60(6):646-654.

20. Ahn N, Park J, Ihm J, Roh S. A survey of the impact of COVID-19 13. on the management of animal experiments and laboratory animal 13. facilities in Korea. Exp Anim, 73(2): 193-202.

21. Cocker F, et al. Compassion Fatigue among Healthcare, Emergency 14. and Community Service Workers: A Systematic Review. Int J Environ 14. Res Public Health. 2016;13(6):618.